新型职业农民培育教材

蔬菜栽培实用技术

主　编：屈小江

参　编：屈小江　吴传秀　潘绍坤

电子科技大学出版社
University of Electronic Science and Technology of China Press
成　都

图书在版编目（CIP）数据

蔬菜栽培实用技术 / 屈小江主编 . - 修订本 . - 成都 :
电子科技大学出版社，2018. 3（2023.10重印）

ISBN 978 - 7 - 5647 - 6538 - 5

Ⅰ. ①蔬… Ⅱ. ①屈… Ⅲ. ①蔬菜园艺 Ⅳ. ①S63

中国版本图书馆 CIP 数据核字（2018）第 163074 号

蔬菜栽培实用技术
屈小江　主编

策划编辑　辜守义
责任编辑　辜守义
封面设计　杨　力

出版发行　电子科技大学出版社
　　　　　成都市一环路东一段 159 号电子信息产业大厦　邮编 610051
主　　页　www. uestcp. com. cn
服务电话　028 - 83203399
邮购电话　028 - 83201495

印　　刷　成都金龙印务有限责任公司
成品尺寸　140mm × 203mm
印　　张　5. 375
字　　数　120 千
版　　次　2018 年 3 月第一版
印　　次　2023 年 10 月第三次印刷
书　　号　ISBN 978 - 7 - 5647 - 6538 - 5
定　　价　18. 00 元

编者的话

为贯彻落实党的十九大关于实施乡村振兴战略的决策部署和中央一号文件关于全面建立职业农民制度的指示精神，加快培育高素质新型职业农民，我们组织有关高等院校、科研院所的涉农教师以及长期从事农业技术推广工作的资深专家，对原有的新型职业农民科技培训教材进行了修编。修编教材具有较强针对性和实用性，是目前国内同类教材中最新的一套培训教材，可更好地满足各地新型职业农民培训需要。

修编教材采用了国家最新标准、法定计量单位和最新名词、术语，并力求做到内容浅显易懂、图文并茂，让农民朋友易于学习、掌握。目前已完成修编的教材有 7 本，涵盖种植、养殖两个大类。

由于编写时间较为仓促，教材中难免存在不足和错误，诚恳希望各位专家和广大读者批评指正。

《新型职业农民培育教材》编委会

2018 年 6 月

前　言

蔬菜是“菜篮子”产品的重要组成部分，是城乡居民生活必不可少的重要农产品，保障蔬菜供给是重大的民生问题。四川地处西南内陆，冬无严寒，夏无酷暑，自然条件下蔬菜可周年生产，是全国重要的蔬菜产区和冬春蔬菜生产基地；攀西地区属于国家划定的西南热区冬春蔬菜优势区域；其余区域属于国家划定的长江流域冬春蔬菜优势区域，有45个县入选全国蔬菜产业发展重点县，位居各省区市第三位。

四川省委、省政府高度重视蔬菜产业发展，省委九届六次全会《决定》将蔬菜列入十大优势特色种植业。省政府相继出台了《关于进一步促进蔬菜生产保障市场供应和价格基本稳定的通知》《关于加快蔬菜产业发展的意见》系列政策措施，在全省实施了现代农业千亿示范工程，建成了一批现代农业（蔬菜）重点县和“千斤粮万元钱”稻菜轮作产业基地，扎实推进了蔬菜产业发展上档升级。蔬菜已成为我省栽培面积最广、经济效益最好、产出量最大的经济作物，在农业结构调整、农业增效、农民增收方面发挥了重要作用。

一、发展特点

“十二五”以来，我省蔬菜产业总体保持平稳较快发展，总体上呈现总量基本平衡、品种日益丰富、质量不断提高、市场体系逐步完善的良好发展局面。

1. 生产持续发展。近年来，随着种植业结构调整步伐的加快，我省蔬菜生产快速发展，产量大幅增长，上市基本均衡。2016 年，全省蔬菜种植面积 2058 万亩、总产量 4365 万吨，分别居全国第六、第五位。人均占有量 542kg。常年生产的蔬菜达 14 大类 150 多个品种，逐步满足了人们多样化的消费需求。

2. 布局逐步优化。随着工业化、城镇化的推进，以及交通运输状况的改善，生产基地逐步向优势区域集中，形成攀西冬春喜温蔬菜、川南早春蔬菜、盆地加工外销蔬菜、盆周山区高山蔬菜四大优势蔬菜区域，呈现栽培品种互补、上市档期不同、区域协调发展的格局。

3. 质量显著提高。全省蔬菜质量安全例行抽检合格率常年维持在 98% 以上，部级抽检合格率居全国前列，确保了百姓最为关注的“舌尖上的安全”。同时，商品质量也明显提高，净菜整理、分级、包装、预冷等商品化处理数量逐年增加，商品化处理率达 40% 以上。

4. 加工业快速发展。2009 年起连续举办了七届泡菜国际展销会，推动了全省蔬菜加工业的快速发展，蔬菜加工率达 20%，四川成了全国第一的泡菜产业大省，泡菜规模占全国产量的 70%，泡菜加工工艺达到国际领先水平，比肩日韩。

5. 科技水平不断提高。主要蔬菜品种更新换代三四次，全省蔬菜良种覆盖率 98%。蔬菜集约化育苗技术快速发展，集约化育苗应用率达 18%，主要蔬菜基本实现商品化育苗。蔬菜病虫害综合防治、无土栽培、节水灌溉等技术也取得明显进步。

6. 市场流通体系不断完善。建成了全国第二大、每天交易量达万吨以上的四川省农产品交易中心。在川东北、攀西等地都建有区域性蔬菜批发市场。四川蔬菜除满足省内需求外，每年外销出川销往青海、宁夏、甘肃、上海、广州、重庆、西藏、陕西等地，并出口欧盟及中国港、澳地区。

二、发展目标

深入贯彻中央、省委省政府关于深入推进农业供给侧结构性改革，大力推进农业现代化的要求，以创新、协调、绿色、开放、共享发展理念为统领，以优化供给、提质增效、助农增收为目标，通过稳面积、增单产、调结构、降损耗，实现数量充足、品种多样、供应均衡。到2020年，全省蔬菜种植面积稳定在2000万亩左右，产量达4500万吨以上。全省蔬菜综合产值达到2000亿元。蔬菜商品率达到80%，商品化处理率达到50%，加工率达到25%以上。

三、区域布局

综合考虑地理气候、区位优势等因素，将全省蔬菜产区划分为攀西冬春喜温蔬菜、川南早春蔬菜、盆地加工外销蔬菜、盆周山区高山蔬菜四大优势生产区域，重点建设105个重点县（市、区），提高全省蔬菜均衡供应能力。

1. 攀西冬春喜温蔬菜生产优势区域。包括攀枝花市、凉山州及雅安市等3个市（州）的部分县（区），共有7个重点县（市、区）。本区域冬春季节气候温暖，有“天然温室”之称，1月（最冷月）平均气温≥10℃，可进行喜温果菜露地生产。

——发展目标。2020年该区域蔬菜面积发展到150万亩，总产450万吨。

——主要产品与上市期。茄果类、瓜类、豆类、洋葱、早蒜薹等，集中在1—4月上市。

——主推技术。集约化嫁接育苗技术、水肥一体化等现代节水灌溉技术、设施规范化栽培技术、病虫害绿色防控技术、采后商品化处理技术等。

2. 川南早春蔬菜生产优势区域。包括宜宾、泸州、内江、自贡和乐山 5 个市（州）的部分县（市、区），共有 25 个重点县（市、区）。本区域早春回温快，晚秋温度下降慢，可利用简易设施，生产“春提前”“秋延后”喜温果菜。

——发展目标。2020 年该区域蔬菜种植面积稳定在 400 万亩左右，产量 1000 万吨，

——主要产品与上市期。茄果类、瓜类、豆类等，集中在 3—6 月和 9—11 月上市。

——主推技术。集约化嫁接育苗技术、水肥一体化等现代节水灌溉技术、“春提前”“秋延后”设施蔬菜高效生产技术、病虫害绿色防控技术、采后商品化处理技术等。

3. 盆地加工外销蔬菜生产优势区域。包括成都、眉山、德阳、绵阳、内江、资阳、遂宁、南充、广安、雅安 10 个市（州）的部分县（市、区），共有 46 个重点县（市、区）。本区域冬春季节气候温和，可进行喜凉蔬菜露地栽培，是我国最大的冬春喜凉蔬菜生产基地。

——发展目标。2020 年该区域蔬菜种植面积稳定在 1200 万亩，总产 2700 万吨。

——主要产品与上市期。莴笋、芹菜、结球甘蓝、花椰菜、芥菜、大白菜、萝卜、普通白菜、蒜苗、蒜薹等喜凉蔬菜和豆类、瓜类、茄果类等喜温蔬菜，集中在 11 月～翌年 6 月上市。

——主推技术。分段式育苗、漂浮育苗和高效嫁接育苗等集约化育苗技术，水肥一体化等现代节水灌溉技术，“稻—菜”轮作技术模式，稻草覆盖免耕技术，整地、开沟起厢、

精量播种、移栽等机械化生产技术，病虫害绿色防控技术，采后商品化处理技术等。

4. 盆周山区高山蔬菜优势生产区域。包括广元、巴中、达州、泸州、乐山、阿坝、甘孜、凉山8个市（州）的部分县（市、区），共有27个重点县（区）。本区域适宜蔬菜生产的多为海拔高度800～2500m的高原、平坝和丘陵山区，夏季凉爽，有“南方天然凉棚”之称，无须遮阳降温设施，可生产多种蔬菜。

——发展目标。2020年该区域蔬菜种植面积稳定在200万亩，总产600万吨。

——主要产品与上市期。结球甘蓝、萝卜、大白菜、芹菜、花椰菜等喜凉蔬菜以及辣椒、番茄、菜豆等喜温果菜，集中在6—9月上市。

——主推技术。蔬菜集约化育苗技术，水肥一体化等现代节水灌溉技术，地膜覆盖技术，病虫害绿色防控技术，采后商品化处理技术等。

蔬菜产业区域布局

产区	布局
攀西冬春喜温蔬菜生产区（7个）	米易县、盐边县、攀枝花市仁和区、汉源县、西昌市、德昌县、会东县
川南早春蔬菜生产区（25个）	宜宾市南溪区、江安县、宜宾县、宜宾市翠屏区、珙县、夹江县、峨眉山市（坝区）、乐山市五通桥区、乐山市市中区、犍为县、威远县、内江市东兴区、内江市市中区、资中市、隆昌市、泸州市江阳区、泸州市纳溪区、合江县、泸县、泸州市龙马潭区、荣县、自贡市大安区、自贡市贡井区、自贡市沿滩区、富顺县

续表

产区	布局
盆地外销加工蔬菜生产区（46 个）	彭州市、成都市郫都区、金堂县、成都市新都区、新津县、崇州市、大邑县、邛崃市、眉山市东坡区、仁寿县、眉山市彭山区、广汉市、什邡市、德阳市旌阳区、中江县、罗江县、江油市、绵阳市涪城区、绵阳市游仙区、安县、三台县、简阳市、资阳市雁江区、乐至县、安岳县、遂宁市船山区、遂宁市安居区、射洪县、蓬溪县、大英县、阆中市、南充市高坪区、西充县、南充市顺庆区、南充市嘉陵区、营山县、蓬安县、广安市广安区、广安市前锋区、邻水县、岳池县、武胜县、开江县、渠县、雅安市雨城区、巴中市恩阳区
盆周山区高山蔬菜产业带（27 个）	广元市利州区、广元市朝天区、广元市昭化、剑阁县、大竹县、达州市达川区、宣汉县、达州市通川区、巴中市巴州区、峨眉山市（山区）、叙永县、古蔺县、汶川县、理县、茂县、阿坝县、泸定县、松潘县、昭觉县、马尔康县、红原县、九寨沟县、黑水县、康定县、美姑县、盐源县、越西县

目 录

第一章 蔬菜的育苗

第一节 冬季蔬菜保护地育苗

在气候条件不适宜蔬菜育苗的季节，用人工设备，创造适宜的环境条件，进行蔬菜育苗，称为保护地育苗，如塑料大棚冷床育苗、酿热温床育苗、电热温床育苗皆是保护地育苗。

保护地的种类很多，如酿热温床、草围温床、冷床、塑料大棚、火窑子、电热温床等，这里仅将我省常用的酿热温床、草围温床、电热温床、塑料大棚冷床育苗技术介绍于后。

一、酿热温床育苗

温床的类型可以根据地下水位高低、保温程度的要求不同，分为地上式、地下式和半地下式温床三类。半地下式温床有建造较省工、床内通风与保温效果较好的优点，所以为中国南北各地广泛采用。过去四川盆地所使用的酿热温床即为半地下式，酿热加温是利用好气性微生物（如细菌、真菌、放线菌等）分解有机物时产生的热量加温，简便而价廉。酿热温度的高低和时间，主要取决于影响好气性微生物的碳、氮、和水分的含量。

由于酿热物被分解释放的热量有限，床温调节比较困难，填充酿热物时比较费工，目前酿热物来源日趋减少，因此使酿热温床发展受到限制。

附草围温床育苗要点如下所述。

草围温床是用稻草编成床框的温床。由四川新都区新繁镇创始，已有一两百年的历史，为过去成都地区冬末春初培育茄果类秧苗所采用，属于一种地上式的酿热温床。

草围温床长10m，宽1.6m，高0.67m，草围厚约0.17m，设置时按床面大小在四角先打木桩，在桩上捆竹竿，在竹竿上编草围。草围温床内床笆是由竹竿扎成的，其大小以放进床内为度，在床笆上放稻草，稻草上放培养土。上面搭成屋脊形架子，架上盖草席，席上再盖茅扇，以防霜冻。

草围温床采用活动床笆，育苗时，把床笆放在酿热物上，当床温过高过低时，可把床笆子抬下进行调节，操作方便。温度过高可把酿热物踏紧一点，反之可耙松酿热物或更换酿热材料。

由于全床踏入的酿热物厚度一致，床四周散热快，温度低，而床中心散热少，温度高，致床温不均匀。又因没有透明的玻璃窗，天寒阴雨时，须盖上茅扇，光照条件较差。

为了保持草围温床的优点，克服缺点，前些年，成都市龙泉驿区、新都区的农民在育苗设施和育苗技术上进行了革新。如在育苗设施上，引进了保温透光的塑料薄膜遮盖床顶，既防水保温，阴天也增加光照，较玻璃窗轻便。温床四周散热快，则通过添加酿热物加以克服。在育苗技术上，将茄子播种时间由原先的11月－12月底提前到10月初，既利用酿热材料产生的生物热量，也利用了晚秋余热。这一革新使草围温床的利用率更高，不仅培育长龄大苗供早熟栽培用，也培育母秧

（小苗）供分级育苗。

但由于草围温床也属酿热温床的范畴，具有酿热温床所有的缺点，因此它的发展也受到限制。近年来在受到塑料大棚冷床育苗的冲击下，在生产上较少见到它的踪影了。

图1－1　草围温床

二、电热温床育苗

电热温床育苗是近年来发展起来的一项育苗新技术，它是以特制的电热导线将电能转换为热能加热培养土，同时利用塑料大棚保温。近年来我省在成都及一些地市采用电热温床育苗，效果较好，值得进一步推广。

（一）电热加温的设备

电热加温是利用电流通过电阻大的导体，把电能转变成热能来实现土壤升温，提高局部范围内的土壤温度。热量在土壤中传导的范围，从电热加温线发热处，向外水平传递的距离可以达到25cm左右，15cm以内的热量最多，靠电热加温线越近土温越高，反之则土温逐渐下降。这就说明要使苗床土壤中热量分布均匀，线与线之间的距离不宜超过20cm。这种加温方式可以使床土保持较高的温度，满足幼苗生长对地温的要求。电热育苗出苗快而齐，能在较短的时间内培育出适龄壮苗，病害轻；能实现温度的自动控制，便于管理，省工、耗能少。电热加温的设备主要是电热加温线和控温仪。电热加温线由塑料绝缘层、电热线和两端导线接头构成。塑料绝缘层主要起绝缘和导热作用，并有耐水、耐酸，抗碱等优良性能。电热线是电加温线的发热元件，为一种合金丝材料，通电发热后的最高温度不超过65℃，在土壤中允许使用温度为40℃左右，在35℃的土壤中可以长期工作。接头用来连接电热加温线和引出线，是用塑料高频热压工艺制成。接头处能耐1700V电压，不漏电，不渗水。引出线为普通铜芯电线，使用时基本上不发热。控温仪可自动控制温度，节约电能。

目前生产上使用较多的是上海市农机研究所研制的DV型系列电热加温线，有400～1000W的五种型号。型号中字母和数字的表示如下：DV21012，D表示电热加温线，V表示塑料绝缘层，2表示额定电压为220V，10表示额定功率为1000W，12表示电加温线长度为120m；其余型号照此类推。

（二）保温设施的选择

设置电热加温床首先要考虑保温设施配套，以利保温、节能和降低育苗成本。一般的冷床可通过加装电热加温设施改为电热温床。其他如塑料小拱棚、中棚、大棚及玻璃温室都可配制电热温床，改善育苗条件。

此外，为减少电能损耗、提高增温效果，应采用隔热材料把温床底部及四周与外界隔开，减少床内热量向外扩散，达到节省用电的目的。据报道，日本推广的节能型电热温床，在床底和四周都用9cm厚的稻草做隔热层，窗盖用双层塑料薄膜，可节省电耗1/2～1/3。隔热材料一般可采用草木灰、谷壳、木屑、稻草、麦秸等。

（三）温床功率的选定

电热温床每平方米选定多少功率应取决于当地的气候、育苗季节、作物种类及温床的保温情况等。一般长江以南各地茄子育苗每平方米的电功率可选取 80～100W，我国北部地区每平方米可选取 100～120W。

一般我省的电热温床，床坑长 8m、宽 1m、深 30cm，底部铺上一层废旧薄膜，然后在床底及床坑四周填上 10cm 厚的谷壳做隔热层，再铺上一层旧薄膜，以保持隔热层的干燥，接着再垫上 3cm 厚的细砂做布线层；线铺设好后，又垫上 2cm 厚的细砂，最后填入 12cm 厚的培养土。布线时，线长 80m，布 10 行，床边可稍密，中间稍稀，使床内温度保持一致。培养土配制与种子消毒与温床育苗相同。播种后，在发芽期间，白日和夜间温度可控制在 25℃～30℃，待苗出齐后，可将夜温控制在 18℃左右，日温控制在 25℃左右，以利幼苗生长。茄子床土的温度应比辣椒和番茄床土的温度略高，在育苗期中，注意苗床内的湿度。如床土干燥，应浇温水，保持床土湿润；床内温度达到 30℃时，应揭棚透气，降低温度，以防烧苗。苗期应严防病害的发生。

三、塑料大棚冷床育苗

床内不填酿热物，上面覆盖玻璃或塑料薄膜保温育苗的方法，称冷床育苗。它的热能来源主要是利用白天太阳的辐射热，晚上利用覆盖维持床温。近年来，我省在秋末利用塑料大棚冷床培育过冬苗，在生产上应用效果较好，塑料大棚冷床育苗的关键是选好床址，提早播种，防潮湿、防霜风和作好通风炼苗。

（一）冷床的床址和修建

选背风向阳、地势干燥、土壤肥沃疏松，前作 2～3 年未种过茄果类蔬菜的田块，每个苗床东西宽 1.2～1.3m，南北长不超过 10m，四周筑土埂，埂高 10cm，床内土壤深翻耕细，上填营养土 10cm，或排营养杯。每隔 66～80cm 在埂上插宽二指，长 220cm 的竹片，弯曲为半圆拱形，最高点距床面 50cm 为宜，上盖塑料薄膜，营养土的配制和消毒与温床育苗相同。

（二）播种期和播种量

茄果类蔬菜种子的发芽温度不能低于 15℃，最适宜温度是 25℃～30℃。冷床育苗为了充分利用晚秋余热，必须在气温未降到 20℃ 以前播种。经过浸种，茄子于 9 月下旬播种，辣椒于 10 月上旬播种，番茄于 10 月下旬播种。播种过迟，冬至时，没有两片以上真叶制造养成分，则越冬困难。苗床每 13m² 一般播辣椒种子 200g，可栽大田约 2 亩（1 亩约等于 667m²。下同），播茄子 150g，播番茄 100～150g，各可栽大田 3～4 亩。播种可以用点播或撒播，播后盖石谷子或营养土约半横指厚，随即喷水，水量浸入土中达二指深为宜，床上盖薄膜保温、保湿、控制床温 25℃左右，促使种子萌芽出土。

1. 苗期管理

秋末播的茄子经 33～35 天，茄苗已有两叶一心时，进行一次假植。在 11 月初，成都地区 5cm 平均地温为 13.9℃，而茄苗发生根毛的低温极限是 12℃，假植以后，即可走根成活，不必加温，耗费能源。在 11 月或 12 月中旬，气温不低，晴天或阴天无风，不僵手就敞床，降低湿度和防止生长过快。12 月至 2 月上旬，气温低，以保温为主。在 12 月上旬盖上大棚，用大棚加小棚两层薄膜防寒过冬。覆盖的薄膜要清洁透光，四周不留缝，以防霜风侵袭。但仍要在不致受冻的条件下，每日抓较好的时机作短时通风，若薄膜内布满水珠，或苗床壁脚湿润，可在气温 5℃以上（茄子在 7℃以上）白天无风时翻盖薄膜，每日 1～2 次。应抓紧在严寒来前，排除潮湿，以床壁脚不湿而土面发白为度。在气温 5℃以下时，若床内湿度大，应抓紧时机通风一次；床内湿度小，上下午各通风一次，方法是慢慢地揭开相对的两处覆盖物（以免造成空气的对流速度过大），每次根据天气，以 5～30min 为限。若遇绵雨或严寒，暂停一二天不通风的，应抓天气稍好的机会短暂通风。2 月中旬至 3 月上旬，气温逐渐回升，要以通风炼苗为主，同时根据苗子生长情况，进行保温促苗，晴天防床内气温超过 30℃造成烤苗，应加大通风量或敞床，但要防寒潮侵袭。定植前一周，除寒潮外，应敞床炼苗。

2. 水肥管理

立春前一般不施肥水，若苗纤弱，可施一成淡粪水提苗，不宜施水过多增加湿度和降低床温；立春后施 2～3 次人畜淡粪水，或每 $40m^2$ 苗床内可用 100g 尿素兑 40kg 水泼施，以助提苗。在晴天中午揭开覆盖物施下，水量控制在下午 4 时覆盖时床面收汗为宜。

3. 防治病害

苗期主要有猝倒病、立枯病（断腰杆）、灰霉病等，应及时防治。

塑料大棚冷床育苗充分利用了晚秋余热，茄苗同化了较多的光能，制造了较多的同化产物。到三月初定植时，茄苗生理苗龄为 10～11 叶龄，已现花蕾，单株鲜重 6g 左右。如采用配套的早熟栽培措施，在同样条件下，可比苗龄和鲜重较小的温床苗早熟丰产，经济效益好。但这种大苗不能在露地，或虽采用保护设施但管理不得法的条件下栽培，否则易成老僵苗。塑料大棚冷床由于不能加温，也不适宜早春瓜豆类蔬菜的育苗。（图 1－2）

图 1－2　茄子的塑料大棚冷床育苗

四、几种育苗方式之优劣比较

酿热温床、草围温床、电热温床、塑料大棚冷床等保护地育苗设施，各有优劣，在生产上应根据各地的实际情况，因地制宜地选用。

酿热温床和草围温床由于床内填有酿热物，温度较高，适宜秧苗生长，苗期时间短，管理费工少，因此播种时间晚一点也不妨碍种子的发芽和幼苗的生长。但酿热物需要量大，花费较多，故培育苗期较长的茄果类蔬菜苗不够经济，所以适宜苗龄较短的瓜豆类蔬菜早春早熟栽培育苗。

电热温床育苗出苗快而齐，能在较短的时间内培育出适龄壮苗，能实现温度的自动控制，便于管理、省工。适宜培育茄果和瓜豆类蔬菜秧苗，但一次性投资大，而且电费昂贵，目前很难在生产上推广应用。随着我国电力工业的发展，电费的降低，今后将会有广阔的发展前景。

对塑料大棚冷床培育茄果类蔬菜长龄大苗，过去许多人有不同看法，认为在露地栽培时，茄子生理苗龄在 5 ~ 8 叶龄较为合适，也有人认为茄子日历苗龄在 100 天为适宜苗龄。如苗龄过长，定植后缓苗慢，门茄易落花。同时占用苗床时间长，不经济。但经我们的试验和这 20 多年的生产实践证明，茄子长龄大苗在适宜的栽培条件下能早熟丰产，番茄和辣椒也是如此。（图 1 –3）

图 1 –3 茄子大苗

塑料大棚冷床育苗虽占地时间较长，但并非不经济。以每亩塑料大棚使用面积为 90% 计，以 9cm ×9cm 苗距育苗时，每亩可育茄子大苗 7 万多株，由于只进行一次假植，假植用工比草围温床育苗大大减少（草围温床育大苗时，要经过 4 ~5 次假植)，只是在冬季需进行棚膜的揭盖和病虫防治，用工不多，每亩大棚在半年时间育苗可收入 1 万多元，收入不算低。塑料大棚冷床育苗提早播期至 9 月下旬这一技术革新，使其在 11 月初假植时，地温尚高，不需加温，充分利用了太阳能，节省了能源，降低了成本。（如 11 月初播种，在 12 月份假植时，地温低于茄子根毛发生的低温极限，则需消耗能源，会加大成本。）由于假植次数少，伤根缓苗的次数少，所以苗子的干物重较草围温床苗大 2 ~3 倍，更早熟丰产。

塑料大棚冷床育苗设施简单，技术不复杂，不像电热温床需要大的投资，可在四川盆地用于培育茄果类蔬菜大苗，是一项新的适用的冬季茄果类蔬菜育苗技术。

第二节 夏季遮阳网遮阴育苗技术

我国南方各省夏季高温炎热，不适于冷凉蔬菜的生长。为了延长秋冬蔬菜生长季节，提高产量，通常将秋季育苗提前在炎热的夏季进行。但蔬菜播种后，苗床往往遇上暴雨、高温、强日照，以致发芽少，成苗率低，秧苗素质差；有的还需重播，造成了苗床、种子、肥料、用工等浪费，致使秋冬菜的栽播期推迟，影响其产量和质量。

近年来，我国开始推广用遮阳网遮阴育苗。遮阳网是用聚烯烃树脂为主要原料，经拉丝后编成的一种轻质、高强度、耐老化、网状的新型农用覆盖物。遮阳网用于夏季育苗十分理想，它能代替茅扇、芦帘等覆盖物。它的重量轻，寿命长，使用保管方便，能防止夏季强光、高温、暴雨，可供甘蓝、白菜、花椰菜、莴苣、芹菜、秋番茄、秋黄瓜等育苗用。

遮阳网的颜色有白、黑、银灰色等颜色，幅宽有 90cm、140cm、150cm、160cm、200cm 几种，黑色网适宜于短期性覆盖，白色网适宜于进行全生长期覆盖，银灰色的遮阳网除降低温度外，还有避蚜作用，可根据育苗的需要选用。遮阳网覆盖蔬菜育苗的方式有：小拱棚全覆盖、小拱棚半覆盖、地面覆盖等几种，一般宜用小拱棚半覆盖，在苗床上作好小拱棚（平棚也可以，但要有一定倾斜度，以便棚顶排水），上面盖遮阳网，只盖棚顶，四周不遮掩，使空气流通。

使用遮阳网覆盖具有遮光、降温作用，遮阳网育苗小棚棚内透光率约为 34.7%，地表温度比露地降低 7℃，5cm 地温降低 1.7℃，还避免了暴雨对地面的直接冲击造成的土壤板结，为夏季蔬菜育苗创造了适宜的环境。用遮阳网覆盖代替茅扇、芦帘覆盖进行夏季育苗，可达到出苗早、成苗率高的效果，一般成苗率可提高40%以上，秧苗质量提高50%以上。

用遮阳网育苗，据2000年测算：每66.7m² 苗床地一次性投资85元（其中遮阳网75元，竹弓10元），遮阳网使用5年，竹弓用2年，每年为20元，每年用4茬次，每次折算5元。投资不大，比传统的茅扇、芦帘覆盖操作管理省工省力，所以用遮阳网进行夏季遮阴育苗是一项值得推广的新技术。（图1－4）

图1－4 遮阳网育苗

第三节 蔬菜嫁接育苗技术

随着蔬菜设施化、规模化和专业化的发展，连作增多，连作障碍日益严重，土传病害严重影响了蔬菜生产效益和可持续发展。近年来，为了防治土传病害，解决连作障碍，提高蔬菜的产量，我省开展了茄果类、瓜类蔬菜嫁接育苗技术研究，探索形成了从育苗设施、品种选择、嫁接前育苗及管理、嫁接及嫁接苗管理、病虫害防治及出圃的一套成熟的嫁接育苗技术，操作简单，成本低，易于推广应用，相对于土壤消毒和轮作在生产上具有更好的应用效果。

一、育苗设施

选择地势平坦高燥、背风向阳、交通便利、排灌方便的地块建立育苗设施。冬春季育苗应在具有增温、保温功能的大棚设施内进行；夏秋季育苗应在遮阳网等有降温功能的设施内进行。一般采用穴盘育苗，根据蔬菜种类和成苗标准，选择适宜孔径的穴盘，宜使用与精量播种机等机械配合的标准化穴盘。番茄、辣椒宜采用50 孔或72 孔规格穴盘，茄子宜采用50 孔穴规格穴盘，黄瓜、苦瓜、冬瓜、西瓜等采用32 孔规格穴盘。

二、品种选择

（一）砧木品种选择

根据当地土壤病害类型、严重程度、栽培季节和栽培形式的不同，选用根系发达、抗病、生长势旺盛，耐湿和耐高温、与接穗亲和力强的砧木。生产中普遍采用的茄子砧木有赤茄、耐病 VF 和托鲁巴姆等，番茄可选用从栽培或野生番茄中筛选出的专用砧木品种或杂交种做砧木，辣椒可选用野生辣椒或茄子做砧木，黄瓜、冬瓜一般用黑子南瓜，苦瓜可用黑子南瓜和丝瓜，西瓜可用黑子南瓜和瓠子。（见图 1 –5、图 1 –6）

（二）接穗品种选择

根据栽培季节和市场需求，选用适合当地气候生态条件，商品性好，抗逆性强，适应性广，与砧木亲和力强，优质高产，耐贮运的优良品种。

三、嫁接的方式

蔬菜的嫁接方法比较多，分类的方法也比较多。按照蔬菜和砧木嫁接时带根与否，可分为蔬菜断根嫁接法、蔬菜不断根嫁接法以及蔬菜和砧木共同断根嫁接法（双断根法）三种；按照蔬菜与砧木的接合方式不同，可以分为靠接法、插接法、劈接法、对接法和贴接法等几种，其中常用的是靠接法、插接法和劈接法三种。

图1－5　瓜类砧木的催芽播种

图1－6　冬瓜苗的嫁接

四、影响嫁接成活的因素

砧木与接穗的亲和性、砧穗质量、砧木和接穗的苗龄、嫁接技术、接后的环境条件与管理等几个方面是影响嫁接成活的关键因素。

五、嫁接苗的出圃

嫁接苗达到叶片肥厚、深绿色，节间短，根系发达为乳白色且布满基质，无病虫斑痕等壮苗标准后，经炼苗一周，应及时出圃。应根据运输距离选择不同的包装容器（纸箱、木条箱、木箱、塑料箱），容器应有一定的强度，远距离运输时，每箱装苗量不宜过大。运输过程中注意防风遮阳。

六、茄子的嫁接育苗技术

（一）催芽播种

根据栽培季节选择适宜的播种期。砧木播种时间根据接穗、砧木品种特性以及嫁接方法确定。

茄子砧木的播期一般早于接穗，若用托鲁巴姆作砧木，夏秋季应比接穗提前30天播种，一般提前20d～30d播种，冬春季提前50天播种；用赤茄和刺茄作砧木，需提前7～10d播种。托鲁巴姆种子不易发芽，宜用100mg/kg的赤霉素水溶液浸泡24h后晾干，再放入清水中浸泡12～24h，催芽宜用变温处理，白天28℃～30℃，夜间20℃～22℃，同时每天用清水洗涤一次，7～10d可出芽。赤茄和刺茄用100mg/kg的赤霉素水溶液浸泡8～10h，洗净后催芽，亦可用变温处理，5～7d即可出芽。

（二）苗期管理

冬春季育苗时，出苗前棚室密闭，视棚室温度增设小拱棚或电热线等方法，以提高苗床温度。夏秋季育苗时，采用遮阳网等措施降低苗床温度，使苗床最高温度不超过32 ℃

管理期间应遵循充分见光原则。但夏季育苗要避免阳光直射，晴天10：00～16：00覆盖遮阳网。保持充足水分，见干则浇，浇则浇透，浇后放风排湿。一般每天上午10：00时浇一次水，下午16：00时检查，如缺水，则少量补水。阴雨雪天不浇水。

（三）嫁接及嫁接苗管理

1. 嫁接前准备

用穴盘或营养杯装好基质待用。用前一天浇透底水，覆盖地膜。

2. 嫁接时期

根据品种特性适期嫁接。茄子砧木长到10cm高时，进行适当控制，促进砧木变粗，砧木长到5～7片真叶时，可进行嫁接；接穗生长到3叶时进行适当控制，促进接穗生长粗壮，接穗长到4～6片真叶时开始嫁接。

3. 嫁接技术与方法

将嫁接的刀具和夹子经过消毒后备用。根据接穗和砧木粗细选择嫁接夹，一般苗粗时选平口夹，苗细时选圆口夹。嫁接操作时，切削刀片要锋利，速度要快，砧木和接穗的切面要平直、光滑。在固定砧木和接穗的接触面时，应使砧木和接穗维管束相对。嫁接夹松紧要适度。

图1－7　茄子苗的嫁接（1）

嫁接前，将接穗中弱苗和小苗挑出，选择整齐、健壮的接穗，对接穗进行适当浇水和消毒处理后再开始嫁接。接穗消毒多采用75%百菌清等进行喷洒。

图1－8　茄子苗的嫁接（2）

茄子嫁接多采用劈接。嫁接时，保留砧木1～2片真叶，去掉上部，在砧木茎中间垂直切入1cm深，然后在接穗苗半木质化处平切，去掉下端，削成楔形，注意接穗楔形大小应与砧木切口相当（约1cm长），斜度为30°随即将接穗插入砧木的切口中，使两者维管束相对，紧密结合，用专用嫁接夹固定好即可。（图1－7）（图1－8）

4. 嫁接苗管理

嫁接苗接口愈合的适宜温度，白天为25℃～26℃，夜间为20℃～22℃。冬春季节，嫁接苗应放置在大棚中，并搭建小拱棚，嫁接后的前6d～7d棚室应保持密封状态，空气湿度通常在95%以上，一周后早晚逐渐通风，每天通风1次～2次。夏季嫁接，应用遮阴网遮盖温室或大棚，再在小拱棚上加盖遮光物，小拱棚不用密闭，可多加几层遮阳网，勤浇水；以后逐渐揭开遮盖物，增加通风量和通风时间，仍需保持较高的空气湿度，每天中午喷雾1～2次，直至完全成活，才转入正常的湿度管理。嫁接苗浇水时应在嫁接苗根部浇水，可在水中加入一些杀菌剂。嫁接后的前3～4d上午10：00时～下午16：00时应完全遮光，以后逐渐增加光照。随伤口愈合，逐渐撤掉覆盖物，成活后转入正常管理。嫁接成活后苗期管理主要是除萌、去嫁接夹和炼苗。嫁接成活后应及时摘除砧木的萌芽，保证接穗正常生长。嫁接成活后7～10d左右，可去掉固定用的嫁接夹。定植前一周通风、控制水分、降低温度，以增强秧苗的抗逆性。冬春季育苗，白天16℃～20℃，夜间10℃～12℃，最低地温稳定在13℃以上。夏季育苗逐渐撤去遮阳网，适当控制水分。（图1－9）

图1－9　茄子嫁接苗的苗期管理

七、茄子嫁接技术在生产上成功应用的范例

成都市新津县柳江村在20世纪90年代应用我所研究总结的茄子塑料大棚冷床育苗技术，逐步发展成万亩茄果类蔬菜基地。在上年九月底播种茄子于小拱棚内，11月初进行一次假植，至二月中下旬定植时成为11～12叶大苗，定植于竹架塑料大棚中；4月上中旬始收，一直采收到6月中下旬，拔除茄子植株，再种一季水稻；水稻收获后，再种一季喜冷凉的叶菜。这种模式可实现“千斤粮万元钱”，使该地农村增收致

富。

但由于连续种植茄子多年，虽实行水旱轮作，茄子土传病害日趋严重。前些年，我们课题组曾深入产区，直接向农户传授茄子嫁接技术，但由于农户分散，育苗条件受限，达到技术要求的难度大，因而效果不佳。

近几年在当地农业部门的指导下，该基地改为向附近产业化的种苗企业购买嫁接小苗、分段培养的方式，种苗企业在头年8、9月份分别提前播种砧木和接穗，嫁接后分苗于50孔穴盘中；至11月当嫁接苗有6叶一心时以0.60元/株的价格出售与农户，农户再将嫁接苗假植于12cm的大号营养钵中，置于塑料大棚加小拱棚的条件下继续培育。至第二年可定植时，这种大苗有11～12叶，可值1.50元/株，一亩早熟嫁接茄苗的成本为3000多元。

这种育苗方式，既保持了原有茄子大苗的早熟性，又增加了茄子对土传病害的抗病性，也解决了育苗企业虽有现代化的锅炉加温热水循环增温系统和电热温床，但由于受加温成本和场地的限制，无法培育成价格有市场竞争力的早熟大苗的问题，使现代农业与传统技术有机地结合起来。不到二三年时间，该基地的茄子早熟栽培全部改为了嫁接育苗，解决了茄子连作的问题，使该基地继续保持长盛不衰的势头。

第二章 番 茄

第一节 概述

番茄又名西红柿、洋柿子等。原产于南美秘鲁，栽培历史仅几百年，十七八世纪传入我国。二三十年代首先在重庆、成都有少量栽培，新中国成立后才逐步扩散。番茄营养丰富，风味鲜美，含的各种维生素较齐全。每100g鲜重中含胡萝卜素0.31mg、烟酸0.6mg、抗坏血酸11mg，钙、铁、磷等也较丰富。番茄除作鲜菜外，也作水果食用，深受人民喜爱。番茄过去多在城镇郊区栽培，由于蔬菜基地病害日趋严重，因此近年来番茄栽培已渐向城市远郊粮区转移。

一、对外界环境条件的要求

番茄原产南美秘鲁，喜温暖，不耐炎热和霜冻。种子最低发芽温度11℃～14℃，发芽最适温度20℃～25℃，生长最适温度22℃～24℃，气温达30℃时同化作用即显著降低，在35℃以上停止生长。番茄生长和发育的最适夜温是15℃～18℃，高于22℃或低于10℃时，会引起落花落果。日温在35℃以上常落花不孕。番茄在10℃以下停止生长，15℃以下开花较差，到0℃时遭受冻害，但经过低温处理或锻炼的番茄可以耐短期0℃以下的低温。

番茄起源于干旱地区，以较小的空气湿度和土壤湿度生长良好，空气湿度以40% ~70%为宜。在开花以前土壤湿度以50%左右为好。进入结果期后，以85% ~90%的土壤湿度为好。土壤湿度变化大易引起裂果，在空气湿度和土壤湿度太大时，常导致青枯病、疫病等病害传播蔓延。

番茄对土壤要求不严，沙质壤土、黏质壤土都可以栽培。番茄对土壤的pH要求不严格，以pH为6 ~6.5时产量较高，也能适应较酸的土壤，但酸性土易发生青枯病，可施石灰或草木灰改变土壤pH酸碱度。种番茄的土壤必须注意轮作，否则容易发生病害。番茄生长过程中要从土壤中吸收大量的营养元素，每产10000kg番茄要从土壤中吸收主要营养元素95.8kg，番茄整个植株吸收氮、磷、钾比为2:1:5，钾居第一位，氮其次，磷最少。但在生长过程中，磷具有特殊的地位，磷不足时则影响产量，因整个植株吸收的P_2O_5果实占94%，仅6%用于茎叶。施用足够的磷肥，使幼苗发育迅速，花芽分化较早，着花节位低，可提早成熟，增产30%左右。钾肥对促进茎叶生长健壮，预防病害有良好作用。

二、主要栽培品种

四川目前主要的番茄品种，有专门为加工用的，有适合于鲜食用的，也有加工及鲜食兼用的。

春夏栽培应选择耐低温弱光的早、中熟品种；夏秋栽培应选择抗病毒病、耐热的品种。

三、栽培季节

番茄是一种近光性的植物，只要温度适宜，一年四季均可开花结果。在四川以春季栽培为主，少量作秋季栽培，前者称春番茄，后者称秋番茄。近年来番茄也行早熟栽培与水稻轮作，效果较好。

四川盆地内栽培番茄，需要力争早育苗，早定植；3 月上旬即定植露地，但往往第一台花因低温而凋落，必须化学药剂处理。7 月中旬开始，昼夜温度都过高，植株衰弱，花而不实。但可栽培秋番茄，或利用海拔较高和深丘陵区进行晚熟栽培，以延长供应期至 8 – 11 月。栽培中须注意防治青枯病、晚疫病、病毒病三大病害。

第二节 春番茄栽培技术

一、春番茄的育苗

（一）播前准备

四川盆地一般在冬前 11 – 12 月温床或冷床播种育苗。育苗应选用无病害的培养土，或先进行土壤消毒，施好苗床肥，做好苗床。种子应严格消毒，用 1% 福尔马林浸种 30min 后冲洗干净，或 55℃ 温汤浸种 5min。

（二）播种

先浸种催芽，使早出苗，出苗整齐，育成早熟壮苗。应适当稀播，一般 11m^2 的苗床上，播种子 50 ~ 100g ，以后假植 1 ~2 次，使稀密适度，育成的苗可供栽大田 2 ~ 2.5 亩。

（三）苗床管理

番茄的种子发芽的温度为 25℃ ~ 30℃，幼苗生长以白天 20℃ ~ 24℃、夜间 10℃ ~ 15℃ 左右为宜。根系要求土温 7℃ ~ 8℃ 以上，才能开始生长，而以 20℃ ~ 25℃ 为适宜。苗床内的空气相对湿度在60%~70%。幼苗生长期间要有适当的温度、湿度及充足的阳光，可以通过覆盖保温、揭膜换气、浇水施肥、松土、间苗以及假植等措施来实现。

刚播种后的苗床，要加强覆盖，以提高温度，促进发芽。子叶出齐后，要进行1~2次间苗，而在整个育苗期间还要假植1~2次，最后保持苗距在8cm左右。

（四）幼苗锻炼

为了使番茄幼苗健壮，并在定植后能适应低温的环境，应对幼苗进行锻炼。幼苗的锻炼一般可分两个时期进行，当80%的种子已出苗至第一片真叶出现前，降低温床空气温度至6℃~15℃，最低可至4℃。经1~2昼夜锻炼的秧苗，茎变粗壮，子叶厚实而色变深，叶背为红色，茎有茸毛，根、茎、叶干重增加，含糖量增加，将来花芽分化早，着花多，早熟丰产。另一次锻炼在定植前一周，逐渐降低床温床湿，最后在晚间也不盖覆盖物，使幼苗生长健壮，定植时易于成活。

为了保护幼苗根系，利于缓苗和生长，可在假植时使用营养钵。为了防止幼苗徒长，在育苗中，可以用生长抑制剂如矮壮素（CCC）（二氯乙基）、三甲基氯化铵或比久（B-9）（二甲胺琥珀酰胺）等来克服。矮壮素处理的方法：当番茄有徒长的趋向时，以矮壮素的（200~250）$\times 10^6$溶液，用洒水壶喷洒秧苗及床土。喷后约7~10天，就可以见到幼苗生长缓慢，叶色变绿，新生的节间较短，但喷洒一个月以后，会恢复正常的生长速度。比久也有抑制徒长的作用，浓度为（1000~2000）$\times 10^6$，用叶面喷洒的方法，效果较好。

二、定植

1. 轮作、整地

番茄能在各种土壤生长，对土壤并无严格要求，但番茄病害较多且重，如番茄青枯病能为害茄科作物、菜豆、大豆等。为害这些作物后，病菌在土中和病株残体上过冬，能活 6 ~ 7 年，在田间借雨水、灌溉水等传播。可根据病情轻重进行轮作，发病轻的地块可实行 3 年轮作，重病地块实行 4 ~ 5 年以上的轮作。轮作可采用菜粮轮作、菜蔗轮作、水旱轮作等方式，尤以水旱轮作防病效果显著。

定植前整好土地，一般耕作深度 30cm 左右为宜。酸性土壤可施用石灰，黏重的黄壤一般缺磷，宜增施磷肥。四川 5—6 月雨水很多，宜窄畦高厢。底肥一般每亩施腐熟堆肥、厩肥 3000 ~ 5000kg，人粪尿 1000 ~ 1500kg，或尿素 10 ~ 12kg，另加过磷酸钙 25kg，氯化钾 15kg。

2. 栽植

图 2－1　番茄露地栽培

定植的时期，依当地春霜停止的早晚而定。在春霜停止后，栽植愈早愈好。长江流域一般在清明前后，四川盆地可提早到三月上旬。定植的距离早熟种比晚熟种密些，秋番茄比春番茄密些，用单干整枝者比双干整枝者密些。一般早熟和自封顶的品种可用 50cm × 33. 3cm 的行株距，每亩 4000 株左右。中晚熟和无限生长类品种可用 66. 6cm × （33. 3 ~ 50） cm 的行株距，每亩2000~3000株。栽植时，如未用营养钵或营养土块的，要实行带土定植，以利成活。定植深度可达本叶着生处，以促进茎上生更多的不定根。（见图2－1、图2－2）

图2－2　番茄大棚栽培

三、田间管理

（一）追肥、灌水

番茄是陆续生长结果的蔬菜，除基肥外，要有充分的追肥，番茄的生产既要有足够的氮肥，但又不要过多的氮肥。碳、氮得到平衡，是生长和结果的基础。因此，不能在施基肥时一次用氮过多，而要在生产结果期中，利用多次追肥来补充。

在生产上，往往于定植后一星期内，施一次“催苗肥”，促进幼苗的营养生长。到第一穗果实开始膨大后，要施第二次追肥。第一苔果将要成熟，第二苔果已相当大，此时茎叶又在生长，需肥很多，要施第三次速效的肥料。到第1－2苔果采收后，第三、四苔果实正在迅速生长，又需要施第四次、第五次追肥。用粪肥作追肥时，初期施用宜稀薄，后期则要浓些。番茄缺肥的表现是：叶片变小，果色变深，果实发育慢，特别是茎干变细。适时追肥可促进茎干加粗，加强水分、养分的输导，有利于果实的膨大。

番茄叶片吸收营养元素的能力较强，根外追肥效果显著。在结果期中喷0.3%的过磷酸钙，喷3次左右，有一定的增产效果。此外，施过磷酸钙也可以减少脐腐病。

番茄是较喜干燥的蔬菜，应根据四川气候情况搞好排灌工作。初春较干燥，定植后可灌溉1~2次，促幼苗成活和生长。第一苔果实迅速膨大时，如雨水不足应当灌溉。进入5－6月雨水增多，应搞好排水，并及时整枝打杈，以降低土壤湿度和通风透气，减少病害发生。后期干旱应适当灌溉。

（二）中耕、除草和培土

结合肥水管理，应及时中耕、除草和培土。番茄根系发达，又喜土壤排水通气良好。在定植成活后，趁根系未布满土壤前应进行一次深中耕，使土壤疏松通气，以利根系发育。中后期根系布满土壤，可浅可耕；中耕时忌伤根，伤根会导致青枯病和脐腐病的发生。施重肥以后，进行培土，以促进不定根的发生，扩大吸收水肥的能力。

（三）整枝搭架

番茄有强大的分枝力，尤以无限生长类的番茄分枝更多，这些枝叶的大量生长，要消耗较多的养分，易导致落花落果，延迟果实成熟，降低品质，影响产量。故栽培番茄一般要立支柱及整枝。这样可以提早成熟，增加密植度，增加产量，同时果实清洁，病害较少，便于管理和采收。

由于番茄有无限生长及有限生长两个类型，整枝的方法也有不同。无限生长类的番茄品种，多采用单干式或双干式整枝。单干式整枝只留主茎，所有侧枝完全除去。这样，单株的结果数目较少，而果形较大，在单位面积上可以栽培较多的株数。双干式整枝，即除主枝外，再留第一花序直下叶腋所生的一条侧枝，而把其他的侧枝全部摘去。双干式整枝的株行距较大，每亩所植株数较单干式少，成熟期较单干式稍晚，但每亩用苗量较少。为了维持株形，避免幼枝、幼果浪费养分，整枝应及时，这样伤口较小，易愈合，少感染病害。整枝应在晴天进行，雨天或露水未干时整枝，易传播病害。

打顶又称摘心。及时摘心，可以减少养分消耗，使留下的枝叶光合作用和呼吸作用较旺盛，茎叶变深绿色，叶绿素增多，生长势加强，果实生长快，果实增大，一般在采收最后一茬果实的 30～40 天前进行摘心。有限生长类品种，自封顶，不进行整枝摘心的工作。

在番茄的栽培上，当植株 30cm 高时，即开始搭架。番茄最常用的搭架方式有“人”字形架、篱笆形架。在天气干燥、阳光强烈的地区，宜用“人”字形架，以减少蒸发。在雨水多的地区，矮秆密植的则要单支柱，植株高大而架材牢固的，可用篱笆式。在番茄生长后期，脚叶逐渐衰老，异化作用大于同化作用。为了通风透光，节省养分，应打去内部的枯黄叶，保留向外的绿叶，并留适当的叶片保证果实不受日灼，但摘叶不可过早、过多。

（四）防止落花落果

番茄落花落果主要是由于外界环境条件不适宜，而影响到花器的发育不良，花粉管的伸长缓慢；以及水分缺乏，营养不足，引起花柄离层的形成。在长江流域，春季定植后，往往气温过低（夜温在 15℃以下），秋季栽培时气温过高（夜温在 25℃以上），都会引起落花。

如果落花的原因是营养及水分不足或光照不足、下雨过多等，那就要从栽培技术上解决；若由于温度过低或过高引起的落花，则可用生长调节剂，代替番茄自身分泌的生长素，不产生果柄的离层，从而防止落花落果。喷射生长调节剂后，由于果肉的迅速生长，强烈地吸收营养物质，因而形成无籽果实。生产上，在初春落花落果以用（25～50）$\times 10^6$的PCPA（对氯苯氧乙酸）较为普遍。PCPA对嫩芽及嫩叶的药害较轻，可用喷花的办法处理，工效较快。温度高时，浓度要低些，温度低时，浓度可以大一些。使用时期在开花前或开花后1～2天，这样即可防止落花。所结果实，生长迅速，果形整齐。春番茄处理时期在四、五月最有效。

五、采收

春番茄第一、二花序开放时，由于温度较低，开花后45～50天或更长的时期果实才能成熟，而后期的第三、第四花序，开花后40天左右就可以成熟。番茄果实的成熟可分为青熟期、变色期、坚熟期和完熟期四个时期。青熟期的果实已充分长大，种子已完全发育，果实呈白绿色。变色期果实有1/4已变色，脐部呈微红色或微黄色，果梗四周仍为绿色。坚熟期的果实已有3/4变色，果实尚坚硬，果肉未变软。完熟期的果实已全变色，果肉已变软，加工用的在完熟期采收，因色泽好，风味浓，有利于提高加工品品质。供应近郊市场宜在坚熟期采收，有良好的色泽与风味。远道运输在变色期采收，采收宜在上午露水干后进行。

第三节 早番茄与水稻轮作

为减少病害发生，提高土地利用率，番茄可与水稻轮作，效果很好。成都的番茄与水稻轮作的栽培要点如下。

番茄选用早熟和早中熟抗病品种。冷床在11月中下旬播种，3月10日前后定植，最迟不晚于3月15日。否则采收期推迟，影响水稻栽插。水稻选用优良的杂交中稻或常规中稻。育苗移栽的于4月20日左右在秧母田播种育苗。

番茄早熟品种每亩密度3500～4000株，中早熟种每亩3000～3500株。番茄要重施底肥，以后水稻则不施肥，以免引起贪青徒长和倒伏。一般每亩施过磷酸钙25～50kg，氯化钾5～7.5kg，另加渣肥3000kg，人畜粪2000～2500kg。番茄的田间管理前期注意防治蚜虫，中后期注意防治病毒病和早、晚疫病。为防止低温造成落花落果，保证一二穗果坐稳，争取早熟高产，可用（30～45）$\times 10^{6}$番茄灵喷花。为提早采收，抢栽水稻，育苗移栽的若选用中早熟番茄品种，则在第三、四穗果坐稳后打去顶尖。也可用0.2%的乙烯利催红，以保证6月15日前番茄采收完，6月20日前水稻栽播结束。杂交中稻栽插的株行距13cm×22cm，每穴6－7株，基本苗不少于12万株，常规中稻株行距16cm×22cm，每穴9－10株，基本苗不少于15万株。水稻的田间管理，以管水和防病治虫为中心。水稻收获后，从9月下旬到第二年3月，可栽种一季喜冷凉的蔬菜。（见图2－3、图2－4）

图2－3　番茄与水稻轮作（1）

图2－4 番茄与水稻轮作（2）

第四节 秋番茄的栽培

成都市郊县近年来采用水田种植秋番茄，前作种植早熟杂交稻，后作种植小麦或大麦，增种一季秋番茄，占地仅三个多月，每亩产3000kg左右，高的超过5000kg。秋番茄播期宜在6月下旬至7月5日，以早中熟品种为主栽品种。八月初，当苗龄30天左右时，小苗带土定植（也可做营养钵），厢宽120cm包沟栽2行，株距27cm～30cm（错窝）。每亩植3700～4000株，施肥以基肥为主，可每亩施人畜粪3000kg，过磷酸钙75kg，氯化钾5～10kg，尿素4kg作基肥。生长期中追肥三次，定植后10～15天搭架，采用双干整枝，每干留3～4个花序，每苔花序留果2～3个。9月份及时整枝打顶，如气候好，就延后，每苔果留2片叶。秋番茄早期开的花因日温或夜温过高，落花落果严重，花期需用（30～50）$\times 10^6$番茄灵喷花。到后期气温较低，果实生长缓慢，不易着色，青熟或变色的番茄用2000$\times 10^6$乙烯利浸果，可提前3～6天红熟。也可用（100～500）$\times 10^6$的乙烯利喷雾，每亩60kg，促进下部果实提早成熟。

第三章 辣 椒

第一节 概述

辣椒又名海椒、番椒、辣角，原产于东南美洲热带地方，大约19世纪中期才传入我省，传入后即迅速传播。辣椒果皮和胎座中含有辣椒素（$C_{18}H_{27}NO_3$），是辣味的来源，辣椒素含量的多少因品种而不同，一般含量17%～27%。每100g鲜椒中含胡萝卜素1.56mg和抗坏血酸105mg，较一般蔬菜含量高。辣椒是四川人民喜爱的蔬菜，除鲜椒是普通的家常菜外，还做泡辣椒、辣椒油、辣椒粉和辣椒酱食用。在蔬菜栽培中，四川省辣椒面积较大，除供应本省外，尚有一定量干椒和辣椒酱出口。(图3-1)

一、对外界环境条件的要求

辣椒原产南美洲热带地方，喜温暖而不耐寒，耐低温的能力比番茄差。发芽最低温为15℃，最适温为25℃～30℃，植株生长最适温25℃左右。辣椒在苗期以较高的日温和夜温为宜，初期开花夜温为15.5℃～20.0℃，随着植株的长大，能适应较低的日温和夜温，虽在夜温8℃～9℃仍能正常开花，但后期低温下结果不及茄子好，至 12 月中旬日平均温度达 8.6℃就不能正常开花结果。辣椒耐高温的能力较番茄强，但高温致生长衰退和落花落果，进入 7 - 8 月高温，生长停滞，大量落花落果，结果减少。辣椒耐干旱的能力较番茄强，辣椒也要求充足的光照。但日照过强也会得日灼病。

图 3 - 1 适合四川消费的线椒

辣椒对土壤的要求不严格，从沙质土到壤土，均能生长，但以肥沃、排水良好的沙质土为宜。西南各地对于作为调味的干辣椒，多栽在山区的黄壤，也有紫色土，很少灌溉，只要有一定肥力，也有相当高的产量。

二、辣椒的主要栽培品种

选用抗病力和抗逆性强，优质、高产、商品性好，适合目标市场需求的品种。

三、辣椒的栽培季节

在四川盆地，辣椒栽培多在头年冬季播种育苗，次年 3 月中旬定植，5 月上旬始收，至夏末收获完毕。近年来为了充分利用晚秋光热资源，延长辣椒的供应期，辣椒也开始秋种冬收。在 7 月份播种育苗，生长后期搭棚保温，辣椒的采收期可延长至 11 月中旬至 12 月份。

第二节 辣椒的春季栽培技术

辣椒的栽培技术，基本上与番茄和茄子相似，南方各地都是先育苗而后定植。四川过去辣椒上市较晚，产量较低，其主要原因是：播种较晚，秧苗不壮，栽植较稀，施肥不够合理，病虫害防治不及时。近年来在品种、栽培技术上有所改进，采收期提前，产量也有所上升，现将其主要栽培技术分述如下。

一、培育早熟壮苗

辣椒植株生长发育最适宜的温度是25℃，在夏季7、8月份的高温伏旱，大大影响辣椒的开花结果，因此辣椒最好在3月中旬前后定植，这时平均气温约15℃，能栽植成活，不会受冻害；4月上旬开始坐果，5月上旬开始收青椒，6月上旬开始收红椒，前后结果盛期持续2个多月，为高产打下基础。再加强后期管理，多收秋椒，夺取丰收。要在3月中旬前后定植，就必须采用温床育苗或塑料大棚冷床育苗。

辣椒发芽最低温度15℃，较番茄要求稍高，采用塑料大棚冷床育苗，成都市以十月份播种为宜，撒播每亩播种量8~9kg，假植1~2次，采用营养钵或营养土块。也可采用电热温床或酿热温床育苗，播期在11月中下旬至12月为好。播前将种子放入冷水中浸种15min后，取出种子置于25℃~30℃条件下进行催芽，也可将预浸后的种子用1%硫酸铜溶液浸种5分钟后，将种子充分冲洗后再进行催芽。

播种：当种子破嘴露白时，将种子均匀地撒播在平整的富含有机质的培养土上，用消过毒的细土覆盖种子1cm左右。播种后注意保温保湿，以利出苗整齐。幼苗子叶展开后，应注意塑料大棚的通风、降温和排湿，白天保持25℃左右，夜间维持15℃左右为宜。整个苗期要注意防治猝倒病、疫病、灰霉病和立枯病。（图3－2）

图3－2 辣椒冷床大苗

二、覆膜和定植

种辣椒的田块应实行轮作，选择三年未种过茄科作物的土地，深耕炕土，精细整地，施足底肥底水。施肥水平为每亩施腐熟人畜粪尿1200kg，过磷酸钙40～50kg，复合肥15～20kg，干渣肥1200kg，或腐熟人粪尿400kg，尿素25kg，过磷酸钙40～50kg，氯化钾10kg。定植前开厢，平整厢面，厢面宽1m，高15～20cm，沟宽33cm，用1.33m宽幅地膜盖严厢面，四周用细土压严，以减少水分和热量损失。

定植时间以惊蛰至春分为宜，山地定植应为3月中旬至4月上旬。待气温稳定在12℃以上，选晴天定植。定植后用细土盖严膜孔。一般每亩栽植3000～4000窝，每窝两株并留足预备苗，作补窝用，使之达到苗齐苗壮。

三、水肥管理

地膜栽培时施足了底肥底水，从定植到开花挂果一般可以不进行追肥，如天气过于干旱，可适当追施清粪水，待采收一两次以后，为补充肥水亏缺，则应进行追肥，每次以50%浓度的人畜粪尿进行追肥，每667 m^2 施用量1500kg。在盛果期用0.2%的磷酸二氢钾或尿素进行根外追肥，每7～10天一次，共进行2～3次。在整个生长期中，应经常保持土壤呈湿润状态，但雨季应注意排水，以免沤根，在伏旱期应灌溉，以免早衰。（图3－3）

图3－3　辣椒施肥

四、采收

辣椒作为鲜菜食用的，大都采收青果，有时也可以采收红果。而作为干辣椒调味用的，则必须采收红熟的果实。辣椒在成熟过程中，全糖、还原糖、醚浸出物及维生素C的含量都增加，而水分则减少。色素的变化是叶绿素迅速减少，而茄红素迅速增加。辣椒是一种多次采收的果菜，作为青椒采收时，大约在花谢后15～20天可以采收；四川可在5月上中旬收青椒，6－7月为采收盛期。一般每亩产1500kg左右。以采收干椒为目的者，充分红熟后采收，二荆条在初伏期4～5kg红椒晒1kg干椒，二伏期4kg红椒晒1kg干椒。

第三节 辣椒的秋种冬收栽培技术

在四川辣椒也可秋种冬收，可采收至12月份。适宜选用早熟抗病的品种。四川秋椒最适播种时间为7月10日前后，每亩用种量100～120g。秋椒栽培育苗的关键是防烈日防大雨，因此必须利用遮阳网搭成能防晒防淋的育苗棚，一般50～$60m^2$床面育出的苗子可定植一亩地。秋椒定植时正遇高温期，如采用一般方法育苗定植，移栽时伤根太多，不易成活，所以必须采用营养钵护根育苗。

先将营养钵中泥土浇透水，每个营养钵点入2－3粒种子，再撒上一层培养土盖种，用喷水器将覆盖的培养土喷湿，再盖一层稻草保湿。以后根据培养土干湿情况2～3天在稻草上喷一次水，出芽后及时揭去稻草。小苗长至四叶时，匀去弱苗，每穴保持双株。小苗定植前要炼苗，使其适应大田气候。

定植前将全生育期所需肥料总量的1/2作为基肥，做成1.6m宽的高厢，厢面耙细整平，灌足底水立即铺膜。铺地膜主要是保证高温干旱期间土壤有恒定的水分，供给植株良好生长，但强光照射地温过高，必须在地膜上搭草遮光。

定植时将营养钵连苗带土搬进大田，每厢定植3行，行距40cm，株距25～30cm，每亩4500穴（每穴双株）左右。打穴后抽掉营养钵，把苗带土栽入穴内；定植成活后，注意预防病虫害，挂果后可在地膜上开穴施追肥。夜温下降到17℃以

下时，立即搭拱棚保温，棚内温度白天不高于30℃，棚内湿度大，应注意通风换气，降低棚内湿度，并喷药预防烂果。（图3－4）

图3－4 秋辣椒

第四章　茄　子

第一节　概述

茄子原产于印度热带的森林腐殖质土。该地区是海洋性气候，全年温暖多雨，无严寒与酷暑。因此，茄子喜温暖潮湿的气候条件，并要求有足够的土壤水分。茄子也是四川栽培历史久、分布广的蔬菜之一，尤其是广大农村，其栽培面积远比番茄为大。茄子果实的维生素 C 含量每 100g 只有 2～3mg，比辣椒及番茄都少得多，但茄子有降低人体血液中胆甾醇及其酯水平的作用。

一、对外界环境条件的要求

茄子不耐寒，在茄果类中是最喜温暖的。茄子结果期间的生长适温为 25℃～30℃，比番茄适温高些，如果在 17℃以下，生长缓慢，花芽分化延迟，花粉管的伸长也大受影响。10℃以下，引起新陈代谢失调，5℃以下就会受冻害。

但当温度高于 35℃时，茄子花器发育不良，尤其在高夜温的条件下，呼吸旺盛，碳水化合物的消耗大，果实生长缓慢，甚至成为僵果。茄子植株耐高温和转入秋凉后恢复生长的能力不及辣椒，在重庆地区茄子越夏以后，生长衰败，抽发新枝能力远不及辣椒；而在成都地区由于夏季不太炎热，入秋以后，茄子仍可恢复生长和翻花结实。茄子的种子虽在14℃开始发芽，但发芽慢而时间长，15℃时20天左右才发芽，25℃～30℃时8天左右发芽。

茄子原产热带森林腐殖质土壤，因此栽培茄子以富含有机质、保水保肥力强的肥沃土壤为好。在肥沃的土壤里，第一花分化期比在瘠薄的土壤里大为提早，开花期及开始采收期也提早，虽然茄子对于肥料的吸收以钾最多，氮次之，磷最少，但由于是采收嫩果，氮的需要对于产量的影响特别密切。茄子要求较高的空气湿度和土壤湿度，土壤水分不足易导致落花落果，茄子以80%的土壤湿度为宜。

二、品种选择

春提前栽培选择耐低温弱光、对病害多抗的品种；秋延后栽培选择耐热、耐湿、抗病品种。为提高茄子的抗病性，宜培育嫁接苗。

三、栽培季节

茄子的生长期长，结果期也长。四川的茄子栽培，一般采用春季栽培，也有部分夏秋季栽培。茄子春季栽培一般是头年12月温床育苗，第二年3月底4月初定植，5月上中旬始收至夏末。从80年代末期以来，我省开始提早茄子育苗播种期至9月底10月初，用塑料大棚冷床育苗以节省能源，育成10叶龄左右大苗于次年2月底3月初定植，用大（中、小）棚加地膜覆盖，进行极早熟栽培，在4月中旬上市，一直采收至11月份。也可采收至6月20日前拔除插秧种水稻，水稻收后再种一季喜冷凉的蔬菜，这种茄稻水旱轮作的方式，做到了粮菜双丰收，病害也较少，是一种值得提倡的高效益栽培模式。

第二节　茄子的春季栽培技术

一、播种育苗

茄子发芽要求较高温度，且幼苗生长缓慢，一般用温床育苗。茄子秧苗期较番茄长，约需 70 天，由于不耐寒，定植期可在 3 月下旬，播种期在 1 月上旬为好。茄子幼苗极易感染立枯病、猝倒病，苗床土壤应严格消毒。因幼苗生长缓慢，为了经济利用床面，可行撒播，以后进行 1—2 次假植，假植最后用 10 ~ 13cm 的距离。茄子宜在浸种催芽后播种，使出苗整齐迅速。育苗期中的温度可比番茄，辣椒高一些，播种后宜保持 25℃左右，生长期中阴天保持 15℃ ~ 20℃，晴天保持 20℃ ~ 25℃，夜温维持在 10℃以上。床土的施肥也要比番茄多一些，除粪肥外，增施磷肥（如禽粪等），可以促进幼苗的生长及根系的发育。

幼苗生长初期，要间苗 1 ~ 2 次，间去过密及过弱的苗，在播种后 30 ~ 50 天，幼苗生有三、四片真叶时，进行一次假植，一个月后再进行第二次假植。

二、定植

茄子不宜与其他茄果类作物连作，以免传染黄萎病、青枯病及其他土壤传染的病害，可进行 3 – 4 年的轮作。茄子要求保水保肥力强的肥沃土壤，茄子根系发达，宜深耕。深耕可促进土壤微生物活动旺盛，增加土壤有效养分，加强保水保肥能力，根系发育良好，地上部生长健壮，不易倒伏，产量较高。深耕 30cm 左右，并用渣肥作底肥，效果更好。

合理密植是提高产量的措施之一，合理密植较稀植较早达到最大叶面积系数，对早期产量有利，可以增加总产量。三叶茄一般行距66cm，株距40~45cm；成都墨茄、竹丝茄多用66cm×50cm行株距，可以采用宽窄行栽植，宽行有利通风透光，相邻两窄行进行培土，适当缩小株距，过度密植则茄子褐纹病和绵疫病等有所增加，果实着色差，且易发生倒伏。

三、田间管理

（一）追肥

由于茄子的生长结果期长，合理追肥，是丰产的主要措施之一。在定植缓苗以后，可追施较浓的粪肥或化肥，以氮肥为主，尿素每亩10~15kg，约十天追施一次，以供不断结果的需要。在施肥过程中，必须有2~3次重肥，在培土前上一次重肥，浓度可达60%~70%，以后的重肥可在沟内施。茄子的着果有周期性，即在结实盛期以后有一个结实较少的间歇时期，在整个结实期间有2~3个周期。据试验，多施肥，产量高，其周期的起伏就比较不明显。而少施肥，则周期的起伏就大，着果数及产量减低。

茄子地要经常保持湿润，在土壤水分不够时应灌溉。但土壤排水不好，常导致病害的发生，故在搞好灌水的同时，应注意排水，特别是在绵雨季节。

（二）中耕培土

中耕工作多结合除草进行，早期可以中耕深些，5~7cm，后期要浅些，3~4cm，大雨以后，为了防止土壤板结，在半干半湿时进行中耕。当植株长至30cm左右，要结合中耕进行培土，把沟中的土培到植株根旁，培土以前要施一次追肥，以免须根露出土面，并可减轻风害。植株生长后期，为避免倒伏，还应立支柱。

（三）整枝摘叶

茄子枝叶繁茂，较易造成郁蔽的情况，因通风透光不好，而落花落果。可把根茄以下的过于繁密的分枝，即靠近根部附近的几个侧枝除去，以免枝叶过多，通风不良。

四、采收

四川茄子一般在5月中下旬采收，一般采收过程中有几个周期，及时采收嫩果，则着果多而周期不明显。不及时采收，不仅影响果实品质，也影响产量，因种子的发育要吸收大量的养分。果实采收的标准是看萼片与果实相连接的地方的白色（淡绿色）环形带，也称为茄眼睛。这条环带宽，表示果实的生长快，如环带逐渐不明显，表示果实生长慢，要及时采收。采收的频率增加，可以增加产量。

第三节 茄子的极早熟栽培

近年来，成都市新都区、崇州市、彭州市等地采用提早播种期，育成茄子大苗，用塑料大（中小）棚加地膜覆盖栽培，把茄子采收期提早到4月中旬，比正季栽培早一个多月，正好在春淡期间上市，每亩产量4000kg左右，每亩产值4000多元，具有很好的经济效益和社会效益。番茄、辣椒也可借鉴这种栽培方式。

一、播种育苗

茄子采用塑料大棚冷床育苗，多用早熟品种，播种期提早到头年9月底10月初。此时气温在20℃左右，种子经浸种后播入苗床，上盖小拱棚，经33～35天，茄苗已有两叶一心时，进行一次假植。在11月份，成都地区5cm平均地温为13.9℃，而茄苗发生根毛的低温极限是12℃，假植以后，即可走根成活，所以可不必加温，耗费能源。茄苗假植苗距为8.5~9.0cm，假植后，前期仍盖塑料小拱棚保温（规划苗床时，预留大棚棚基位置），晴天上午9：00至下午15：00通风排湿，保持床土土面发白。到12月上旬，气温逐渐下降时，再盖上大棚，用大棚加小棚双层薄膜防寒过冬。这种育苗方式充分利用了晚秋余热，茄苗同化了较多的光能，制造了较多的同化产物，到三月初定植时，苗子生理苗龄为10~11叶龄，已现花蕾，单株鲜重6g左右，如采用配套的早熟栽培措施，在同样条件下，可比苗龄和鲜重较小的温床苗早熟丰产，经济效益好。但这种大苗不能在露地，或虽采用保护地设施但管理不得法的条件下栽培，否则易成老僵苗。（见图4-1、图4-2）

二、沟施底肥

长龄大苗容易形成僵苗。为促使茄苗早生快发，定植前先培肥土壤，一般是在定植半月至一个月前，每亩施人畜粪尿4000~6000kg，硝铵50~70kg，过磷酸钙100~125kg，氯化钾20~30kg。施肥方法是沟施，施成三沟肥：在1.33m（包沟）的厢面上掏三条浅沟，中间的一条较宽，肥料施入沟中后盖土，使挥发出的氨气被土壤吸收，培肥土壤而不造成肥害，使大苗在高肥条件下早生快发，茄子定植小沟，初期吸收小沟中的肥料，随着植株长大，根系延伸，吸收中间沟中肥料不致脱肥。如施肥不久就定植，则易造成肥害。

也可以上述用量的肥料全层撒施，施肥后翻耕土壤，使肥土相融，然后再作厢、盖膜、定植。

三、双膜覆盖，提前定植

因为四川三月份有“倒春寒”，成都市一般露地及地膜栽培茄子多在3月底4月初定植。为了提早成熟，在塑料大棚中也采用了地膜覆盖以提高地温，把定植期提早到了2月底3月上旬，每厢栽2行，密度为每亩2500株左右，如密度过大则易造成徒长。

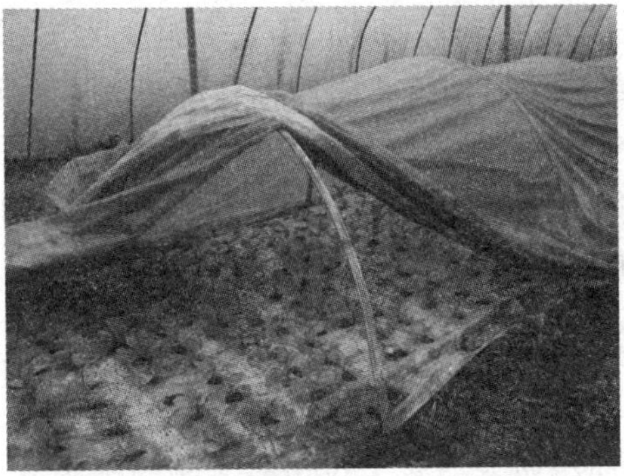

图4-1 茄子的苗期

图4-2 待定植的茄子冷床大苗

四、前期整枝

茄子密度稍大才能早熟丰产，枝叶过密可以整枝调整。茄子整枝方法是：第一果以下的侧枝应打去，留主干与第一次分枝，上面发生的分枝一般都要掰掉。强健的可再留一枝，每株茄子留2～3个枝条，集中养料以促早熟，整枝比不整枝的早2～3苔花，多结3～5个果，前期产量有所增加，结果苔数可达7～8苔，每株20个果实左右。

五、生长调节剂点花

在4月上旬门茄开花时，日平均温度为15.2℃，远未达到茄子开花结果适宜温度，门茄容易落花。为了保花保果，除用35×10^{6}的2，4－D点花外，再用“九二〇”1g加水20kg以及0.2kg托布津配成药液，在点花时浸花，使花柱生长快不易落果，一般浸三次左右。

六、温湿度管理

成都3月上旬至4月上旬平均温度为10.5℃～15.2℃，日照百分率仅为26%～29%，在塑料大棚与地膜双层覆盖时，3月中旬至4月上旬，阴天白天可提高气温1℃～5℃，晴天可提高气温4℃～10℃，由于阴天多，晴天少，且时有寒潮侵袭，热量仍显不足。为了满足茄子喜温耐热的习性，在生产中多采用扣棚保温蓄热的方式，克肥僵苗。在定植后即密闭大（中、小）棚至4月上旬，每隔七、八天才通风换一次气。这样在偶尔出现的晴天的中午，密闭的棚内的气温可上升到40℃左右，此时如茄子植株不挨着薄膜，在高温高湿环境下，茄子植株不会受害，但如揭开薄膜，茄子植株则会失水萎蔫。密闭棚膜提高了气温，也提高了地温，使茄子不经缓苗而走根成活，充分发挥长龄大苗早发育的特性，在4月上中旬即可开花结果，比苗龄较小的植株提早成熟采收。

早熟栽培的茄子也可越夏，蓄留翻花茄子采收到11月份。也可在6月20日前，采收了三、四苔果以后，拔除植株D栽培水稻，水稻收后再栽一季喜冷凉的蔬菜。这样茄子每亩可收入4000多元，水稻收获500多公斤，其他蔬菜再收1000多元，可达到粮菜双丰收。（图4－3）

图4－3　新津县柳江万亩茄果类基地

第四节　夏秋茄子的丰产栽培技术

为解决秋淡季的蔬菜供应，在成都过去多采用留翻花茄子的方法和采用夏播的方法．但蓄留翻花茄子，其生长盛期不在炎夏季节，在炎夏季节里，植株抗逆性差，其产量较低。采用夏播的方法，秋茄子的播期在夏至或夏至以前，秋茄子8月上旬始花，8月下旬至9月中下旬为盛收期，其采收期短，产量不高，经济效益也较差。

在20世纪90年代初期，成都市双流县煎茶镇就开始栽培夏秋茄子。夏秋茄采收期长，可从6月下旬一直采收到11月份，七、八月份是采收盛期。近年来，随着栽培品种的不断更新，栽培技术的不断提高，夏秋茄每亩产量可达3500～4000kg，亩产值可达5000多元。栽培夏秋茄子既能弥补成都地区栽培早春茄子的空缺，为8、9月淡季供应蔬菜，而且已成为发展当地经济、致富当地农民的有效之路，现在栽培面积已上千亩，并涌现出了许多高产典型。如双流县煎茶镇平安村三组农户汪开元在2009年1046.7m^2的地上种植夏秋茄，从6月20日采收到11月8日，总产量21749斤，产值9352.5元，折合6926kg/667m^2，5957元/667m^2，平均价格每千克达0.86元。现将其夏秋茄的露地栽培要点介绍如下。

一、品种选择

夏秋茄的生长期要经历夏、秋两季，而这段时间正是温度高、雨水多的季节，也是茄子发病高峰期，因此要选择耐热、抗病、高产、优质的中晚熟品种，如高架红竹丝茄、墨茄和晚熟杂交茄。

二、播种育苗

（一）适时播种

3月中旬播种，每667m^2用种30g左右。

（二）苗床准备

育苗土应选用3年内没有种过茄果类蔬菜的园土，最好从种过豆类、葱蒜类作物的地块取土，以土表层15cm以内的土最好。肥料可用猪、牛粪加适量草木灰充分发酵腐熟而成。

（三）播种

播种前苗床要浇足底水，然后均匀撒播，再盖上细土。细土层以0.5~1cm为宜。

（四）苗期管理

为了保证苗床温度，缩短茄子育苗时间、提前定植，播种后盖上小拱棚进行育苗。出苗前需保持温度，不必揭膜透气。

出苗后在温度较高的天气，应注意通风透气、浇水，防止茄苗徒长。在4月中旬，当茄苗长到2～3片真叶时进行分苗，苗距为10cm×10cm，分苗后及时浇水。

三、定植

（一）田块准备

夏秋茄一般种植在小麦地，5月上中旬小麦收后，整地后施足底肥，每667m^{2}施腐熟农家肥4000～5000kg、过磷酸钙100kg、硝铵50kg、氯化钾20～30kg。

在5月上中旬进行定植，5月15日全部栽完。

（二）壮苗选择

选择有6～7片叶子，苗龄50～60天，茎高10～15cm，茎粗0.5cm，根系发达、须根多的茄苗进行定植。

（三）行株距

由于夏秋茄种植正值高温多雨季节，且植株高大，应采用宽行稀植栽培。包沟2.1m开厢，栽2行，行距70cm，空行140cm，株距60cm。每亩约1000株，这样可以让行间通风透光，充分发挥中晚熟茄子植株高大的优势，夺取单株产量，从而提高总产量。

四、田间管理

（一）肥水管理

因夏秋茄采收时间长，在整个生长期一般需要施3次肥。幼苗成活后可施一次提苗肥；门茄开始采摘，第二苔茄子刚挂起时进行第二次追肥；在第三苔茄子挂起时进行第三次追肥。一般可用净尿水。植株成活至开花前，不需要灌水。开花结果期根据天气情况以及土壤情况灌水，一般要保持80%的土壤湿度。果实瞪眼期需水量最大。当雨水过多时，要及时排水防渍。

（二）整枝调整

要及时把门茄以下植株基部萌发的侧枝、小芽抹去，并且要及时摘除老叶、病叶，过密的丫枝和叶子也要适当打去。同时要适时进行疏花疏果，并立支架，防止茄子植株倒伏。

五、病虫害防治

及时采用高效、低毒、少残留的农药防治绵疫病、褐纹病和蚜虫。

六、适时采收

进入市场主要以采收嫩果为主，当“茄眼”宽且明显时，要适时采收。采收频率增加，可以增加产量、提高品质。最好是在清晨露水未干时采收。夏秋茄在成都市的秋淡季的7月到9月期间亩产量占82.8%，亩产值占78.7%，既获得了较高的经济收入，又有较好的社会效益。同时又不需要较多的投入，是成都平原一种丰产高效益的粮菜轮作栽培模式。（图4－4）

图4－4　夏秋茄的栽培

第五章 黄 瓜

第一节 概述

黄瓜又名胡瓜。原产东印度热带潮湿地区，在汉朝时由西域传入我国，栽培历史已有2000多年。从我国及世界范围来看，栽培均很普遍，是春夏季的主要蔬菜之一。黄瓜产量高、供应期长，而且可以利用早、中、晚熟不同品种，采用塑料薄膜覆盖栽培和秋季播种，分期供应，满足人们对果菜的需要。

一、黄瓜对外界环境条件的要求

（一）温度条件

黄瓜性喜温暖，不耐寒冷，不耐炎热。生长适宜的温度为20℃~30℃，而在不同的生育时期对温度的要求也有所差异。种子开始发芽，要求不低于12℃~13℃，在18℃时发芽仍很慢，发芽最适宜的温度为25℃~30℃，播种三天后可出苗。在幼苗期，白天的温度在晴天不应超过24℃~28℃，阴天不应低于18℃~22℃，而在夜间不应低于12℃~17℃。开花结果时，白天的温度不应低于20℃，以在25℃~30℃时果实生长得最快。

黄瓜生长的低温界限，在正常情况下为10℃～12℃，12℃以下生长缓慢，10℃以下生长停止，5℃时有受害的危险。黄瓜对高温的忍受力最高为35℃～40℃，超过40℃时生长停止。但空气湿度大时，对高温的忍受能力亦大。不同的品种对温度的适应能力不同，一般早熟品种耐低温的能力比较强，中晚熟品种耐高温的能力比较强。

（二）水分条件

黄瓜对水分条件的要求特点是：它较弱的根系入土浅，不能吸收土壤深层的水分。要求土壤耕层有充足水分供其吸收；叶大而薄，蒸腾量大，要求空气湿度大以减少蒸发，继续结果能力强，要求有足够的水分供其继续生长结果的需要。黄瓜对高的土壤湿度比对高的空气湿度的要求更为重要。黄瓜对水分条件的要求，也因不同的生育时期有所差异。黄瓜要求水分多的时期是在开花结果期，尤其是在开花结果盛期需要大量水分，在这个时期如果水分供应不足或不及时，会大大削弱继续结果能力，但水分过多也是有害的；在雨水过多、土壤潮湿、空气湿度大时，病害严重，产量降低。

（三）土壤营养

黄瓜的根系弱，对高浓度肥料反应特别敏感，在施肥浓度高的情况下，容易发生烧根的现象。黄瓜生长快，结果早，要求养料严格，因此对黄瓜的施肥应采取勤施薄施的方法。

黄瓜对养料三要素的吸收量以钾为最多，其次是氮，磷为最少。当每亩产量为4000kg时，约吸收22.4kg主要元素，其中吸收氮6.8kg，占总吸收量的30%，磷为5.5kg，占24%，钾10.6kg，占46%。黄瓜对有机肥、厩肥等反应良好，在各种土壤上施用厩肥对黄瓜都有效果。而且在土壤中施用有机质肥料的情况下，也能充分发挥施用矿质肥料的作用，黄瓜对土壤酸碱度的反应酸碱度 pH 为 4 ~ 7.6，而以 pH 酸碱度 6.5 为最适宜。

（四）光照条件

由于黄瓜原产于热带森林地区，所以在果菜中是比较能耐弱光的，但当阴天多，阳光过于减弱的情况下，“化瓜”现象严重，所以为了达到高产，还是需要较强的阳光，增加光照可以提高黄瓜产量。

二、主要栽培品种

黄瓜在四川栽培历史悠久，从城市近郊到偏远山村都有分布，所以品种资源很丰富。城市近郊以主蔓结瓜的早熟和早中熟品种为主，均属小果型黄瓜；广大农家则有侧蔓结瓜为主的中晚熟品种，多属大果型黄瓜。它们基本上都是无棱刺类型。

四川栽培的主要优良地方品种有寸金子、二早子、白丝条、清白早、冬黄瓜 等。近年来引进的优良品种有津杂二号、津优 1 号、津绿 4 号、中农 1101、中农 5 号等。

此外，适宜黄瓜保护地栽培的品种还有津优 2 号、津优 3 号、津绿 3 号、中农 7 号、中农 13 号等。（图 5 – 1）

图 5 – 1　水果黄瓜

三、栽培季节

四川盆地无霜期长，黄瓜在露地栽培生长的时期可长达7~8个月。因此可利用不同的品种，排开播种，进行早熟栽培、春季栽培及秋黄瓜栽培。就品种而论，寸金子、中农5号黄瓜耐低温力强，对高温适应力差，适宜于早春作早熟栽培。白丝条、津研二号等中熟品种适于一般春播，而大型黄瓜陕黄瓜等耐热力强，在炎热季节仍能健壮生长，适于夏秋作晚熟栽培。由于黄瓜对高温的适应力较差，为了延长生长期，避免后期高温的影响，以提高产量，春播者均宜适当提早播种期。四川盆地早熟栽培可浸种催芽后在2月份内播种，一般春播可在3月上旬播种，秋黄瓜栽培则在7—8月播种。

第二节　黄瓜的春季栽培技术

一、播种育苗

黄瓜地上部生长快，根系再生力弱，本不适于移栽，但早春直播时，由于温度低，发芽慢，幼苗初期在大面积上也难于管理，所以为了争取时间及时播种，又便集中管理，一般春播者仍在温床或冷床育苗。播种前在苗床浇足底水，播种后用培养土覆盖，厚约0.7cm，再用喷雾器喷水，如有种子露出，须再覆薄土，为了提高床温，可在上面覆盖一层塑料薄膜。播种后晴天温度高时，3~4天便可出苗，阴天温度低时，则需5~7天出苗。当见2/3种子拱腰时，需要降低床温，防止幼苗胚轴伸长而形成高脚苗。为了保持苗床的温度，在育苗期间可少浇水，而用湿润的细土覆土，每次覆土厚度0.5~1cm，在芽刚出土，幼苗出齐及第一片真叶出现时各覆土一次。覆土可以减少表土水分蒸发，防止土壤龟裂，帮助种皮脱落，使床内湿度不过大，抑制徒长，下胚轴多生须根。刚播种时，维持20℃～25℃的温度，使迅速发芽，以后则应逐渐加强通风，适当降温。在定植前3～4天，夜间不再覆盖。黄瓜定植一般多用小苗，在子叶充分展开刚露出心叶时即栽，此时根系浅，地上部分叶面积小，栽后易成活，若用大苗定植，则应在本叶4～5片时切块带土定植。否则就必须用营养钵或营养土块育苗。

二、整地、定植

黄瓜幼茎基部侧根多，根系分布浅而扩张度较宽，要求富含有机质、肥沃而保水保肥力强的土壤。因此栽培黄瓜以黏质土为宜，前作以增施厩肥作基肥的晚大白菜、甘蓝等为宜，这样的土壤可使植株的生育期延长而提高产量。根据黄瓜对有机质肥料反应良好的特性，每亩可施腐熟的堆肥3200kg左右。此外，还配合施草木灰100kg，深翻土壤，做成深沟高畦。爬地黄瓜株行距为100～133cm，中晚熟品种搭架的可用（66～83）×（33～50）cm的行株距，成都春季栽培寸金子黄瓜常用沟植法，具有防寒保温作用。沟距33cm，沟宽16cm，深10cm，株距20cm，早春栽苗时，常遇冷风致使幼苗下胚轴萎蔫，所以必须用细软泥土将下胚轴轻轻盖至子叶节。

三、田间管理

黄瓜喜肥，早发育，蔓叶、花、幼瓜一道生长，对养料有严格的要求，在施肥方法上应采取分期施肥的原则，在施足基肥的基础上，定植后结合浇水施提苗肥，促进根系发展，接着施速效性液肥促进抽蔓，使蔓叶、雌花和开花结果一道顺利生长。在插架前追肥一次，在盛果期一般采收2～3次后追肥一次，每亩追肥的用量，一般用人粪尿2000kg左右，硫酸铵

25kg，过磷酸钙 15kg，草木灰 100 kg。

黄瓜喜湿润，因其根系浅而叶面积大，需要 90% ~100% 的空气湿度和 85% ~90% 的土壤湿度，土壤湿度对黄瓜产量影响更为显著。四川春季雨水较少，在真叶出现前，宜每天用少量的水灌溉，以后逐渐加入人畜粪尿，在抽蔓期间应增加灌水量，在果实发育期中尤不可缺水。这时灌水宜均匀，使瓜形发育整齐，果实发育期中，水肥不及时，常形成畸形果。遭受干旱时，常使果实带苦味。黄瓜地如渍水，植株会蔫萎，叶肉变薄而色暗，这时应注意排水。

整枝搭架，在抽蔓后即插架盘蔓，避免绞藤。设支架的方式有单架，有人字架。蔓长达 30cm 以后绑一道，以后每隔 3 ~4 节绑一道。绑蔓一般在下午进行，可避免发生断蔓。寸金子黄瓜因蔓短，一般不搭架，也不摘心。晚熟品种侧蔓结果早而可靠，应当摘心。

四、采收

黄瓜从播种到开始收获需 65 ~ 70 天，以嫩果供食。采收的标准：优质商品成熟的嫩瓜一般在谢花后 8 ~ 10 天采收。生长前期的温度低，果实生长慢，由谢花到采收的日期较长；以后温度升高，果实生长快，采收的日期较短。头瓜要提早采收，以免影响蔓叶和后续瓜的生长。结果初期，每隔 3 ~ 4 天采收一次；盛果期 1 ~ 2 天采收一次，果实采收得愈勤，雌花形成得愈多愈快。如不及时采收嫩瓜，会妨碍后续瓜的生长而形成畸形果，甚至使植株早衰。勤于采收可延长结果期，提高总产量。

第三节 早黄瓜与中稻轮作

在四川、黄瓜行早熟栽培后可连作中稻，再种秋冬菜或油菜套蔬菜，这种栽培方式黄瓜可在4月中旬上市，6月5日收完，每亩产量可达4000kg，种一季水稻每亩产500多kg，再加上黄瓜前茬或后茬的蔬菜，全年每亩产值4000～5000元，是一项值得推广的高效农业技术。

一、早黄瓜丰产栽培技术

选用抗病耐寒、早熟丰产的品种。于2月上旬温床育苗，一般每亩用种量100～150g，种子消毒后催芽，催芽期保持温度25℃～30℃，子叶平展后及时假植于温床，苗距6～7cm，苗期要适当保温控水，移栽前要在晴天中午揭膜炼几次苗。

2月中下旬深耕整地，施足底肥，肥土混匀后按1.3m左右开厢，再用硫酸铜、石灰进行土壤消毒。3月上旬瓜苗二叶一心前后选晴天中午带土带药移栽，每厢两行，株距40～50cm，移栽后及时浇足定根水，盖上地膜，划口理出瓜苗，压好四周，然后再覆盖一层塑料小拱棚保温促长。栽后一周内一般不揭小拱棚，以后根据气温在晴天中午揭开小拱棚两端或向南面通气降温；清明至谷雨要注意揭盖，防止烧苗和冻害。抓紧在炼苗时防治病虫，苗高30cm左右，气温升高时揭去小拱棚及时追肥搭架。对前三个节位的黄瓜，可以用（20～30）$\times 10^6$的2，4－D与10×10^6的九二〇混合液点涂花柄，防止化瓜，保果促长。视土壤干湿情况在晴天浇水或浅灌2～3次，黄瓜一达商品成熟度就及时采收，并及时根外追肥或追施肥水促进生长，提高产量。（见图5－2、图5－3）

图 5－1　早熟黄瓜

图 5－3　黄瓜的水培

二、瓜田连作中稻的栽培技术要点

选用生长期较长、抗性好的中晚熟杂交稻于 4 月初播种，秧苗达 2 ~3 叶时按 6 ~7cm 行株距假植于秧苗田，加强肥水管理，防治好蓟马和一代二化螟，保证移栽时达到 6 蘖以上。6 月上旬及时扯藤栽秧，瓜田既可翻耕整细，也可保留厢面，免耕栽插。一般要达到 23×13cm 的行株距，每亩栽 2 万窝，达 16 万苗，一般底肥每亩施碳铵 10～15kg，粪水 400～800kg，钾肥 8～10kg，硫酸锌 1kg，以后一般不再施追肥。移栽后 10 多天，每亩苗数达 18～20 万时排水晒田，达到叶色褪淡，叶片直立，秧苗健壮为宜，以后干湿交替灌溉，在水稻破口抽穗 30% 以上时，每亩喷 1g “481” 和 1g “九二〇” 以提高上林率，增加穗粒数。

第四节　秋黄瓜的栽培技术要点

一、品种选择

采用收获期长，抗高温及霜霉病的品种。四川主要采用陕黄瓜、白黄瓜及津研系统的黄瓜。

二、播种时间

过去是在夏至（6 月 22 日左右）播种，立秋至处暑收获，现一般是 7 月上中旬播种育苗，8 月中旬搭架，8 月 15 日左右出现雌花，在雌花开放后 7～10 天采收，从播种到初收约 46 天。

三、整地作厢

选土地肥沃、地势高、排水良好的土地，深沟窄厢，以适应秋冬多雨气候，厢沟深 83cm，每一亩 3400 株左右。因夏季气候炎热，移栽不易成活，宜采用直播法，种子应选充实饱满的，否则子叶常呈畸形反卷、一大一小。每一亩用种量 150～200g。

四、田间管理

秋天气温高，浇水降温成了育壮苗的关键，出苗后及时补全苗子，雨前理好厢沟，雨后及时排水，及早追肥，轻施勤施有机肥，及时中耕除草，陕黄瓜和白黄瓜要及时短尖，引蔓上架，出现病株及时打药。秋黄瓜每一亩产量可达 1500kg 左右。

第六章　冬　瓜

第一节　概述

冬瓜原产自我国南部和东印度半岛，现在南北各地均有栽培，而以南方各地栽培较多。冬瓜喜温耐热，其喜湿性如黄瓜，耐热性超过南瓜，产量高，耐贮藏，有消暑解热的功效，是盛夏时节的重要蔬菜之一，对于调节蔬菜淡季供应有重要作用。冬瓜除做菜用，还可加工糖果、干制等。

冬瓜在四川栽培历史悠久，分布也很广泛，但主要集中于各大小城镇、郊区。

一、对外界环境条件的要求

冬瓜是适于温暖又能耐热的植物，生长发育适于20℃以上温度，气温在30℃时仍然生长良好。对低温比较敏感。

冬瓜属于短日性植物，但是多数品种对日照要求不严格。无论日照长短，以在温度较高时生长快，发育也快，温度较低时生长慢，发育也慢。授粉坐果以在25℃左右的温度的晴朗天气为适合，空气干燥或雨水多，阻碍正常授粉，是影响坐果的主要因素。20℃以下的气温，不利于果实的发育。

冬瓜虽然根系发达，吸收面积大，吸收能力强，但是茎叶繁茂，叶面积大，结果巨大，消耗水分多。因此冬瓜是需要水分多的蔬菜，不大耐旱。在开花结果期，茎叶旺盛生长，特别是坐果以后，果实迅速发育，需要水分更多，因此这时必须供给充足的水肥。果实发育后期特别是采收之前，则不宜供水过多，否则降低品质，不耐贮藏。

冬瓜对土壤的适应性广，从沙质土至黏质土都可以生长，而以沙壤土或黏壤土为好。要求排水良好、土层深厚，以利根系发育。在未经深耕的栽培地上，主根纵深生长100cm左右，主要根群分布在5 ~40cm的土层内。

冬瓜对土壤营养的要求，每生产一万千克冬瓜约需氮30 ~36kg，磷24 ~25kg，钾24 ~30kg。虽然冬瓜吸收氮肥较多，但不宜偏施氮肥，特别是矿质氮肥施用过多，茎叶徒长，影响坐果。坐果以后氮肥过多，会引起果实绵腐病。施用骨粉等肥料，冬瓜生长壮健，可提高果实品质和耐藏性。

二、主要栽培品种

四川的冬瓜品种基本上是粉皮冬瓜，以大果型为主，20世纪70年代始引入青皮冬瓜品种。从60年代开始，由于冬瓜枯萎病和疫病蔓延，老蔬菜基地的栽培面积逐步减少，以地下水位较高，土壤湿度大的成都郊区最突出，现已逐步向远郊粮区转移。

四川栽培的主要冬瓜地方品种有五叶子、成都粉皮、早冬瓜；杂交冬瓜品种有蓉抗1号、早粉1号等。

三、栽培季节与栽培方式

冬瓜一般都在年内气温较高的季节栽培，各地多在春暖后播种。

栽培方式可分为地冬瓜、棚冬瓜、架冬瓜三种。

地冬瓜　植株爬地生长，单位面积株数较少，管理比较粗放，基本上放任生长，花工少，节省棚架材料，单位面积产量较低，瓜触地一面，肉薄不耐贮藏，品质差。

棚冬瓜　种植地用竹木搭棚，人可以在棚下管理操作，瓜蔓上棚以前摘除侧蔓，上棚以后多任意生长，棚冬瓜的坐果和单果重都比地冬瓜好，单位面积产量一般比地冬瓜高，但基本上仍是利用平面面积，也不利于密植和间种，且搭棚材料多，成本高。

架冬瓜　支架的形式有多种，都结合植株调整，较好地利用空间，有利于合理密植，并使坐果整齐，果重均匀，成熟一致，比较高产稳产；也有利于间作套作，充分利用土地，增加复种指数，又比棚冬瓜节省材料，降低成本。在目前条件下，架冬瓜是三种栽培方式中比较合理、比较科学的一种方式。

下面重点介绍人字架冬瓜栽培技术。

第二节　人字架冬瓜栽培技术

近年来，重庆市在冬瓜栽培中大面积地采用西南农大刘佩瑛教授制定的人字架冬瓜栽培技术规程，取得了增产增收的效果。成都市的郊县普遍采用人字架冬瓜栽培技术，现择要介绍如下。

一、播种育苗

（一）催芽

选用青皮冬瓜品种，干种子以温水（60℃自然冷却）浸一天，30℃恒温下催芽，每天温水清洗一次，5 天左右开始出芽露白时，立即捞出播种。冬瓜干籽一般出芽不整齐，须 10

天左右陆续出苗，陆续播种。

（二）播种

播种期为2月下旬至3月上旬，干藏种子应提前10天开始浸种催芽。冬瓜种子出苗难，成苗率较低，栽一亩冬瓜，宜播250g种子，直播于温床中的营养钵内，每钵播已出芽的冬瓜种子3粒。或先撒播于温床，待子叶展平，开始出第一片真叶时移栽于营养钵内，每钵2苗。

（三）苗期管理

日间保温30℃，夜间15℃，苗期施稀薄猪尿水或尿素2次，土壤过干时，晴天上午或中午洒水，出苗床前10天开始加强通风。苗期立枯病、猝倒病用增效双效灵1000倍液灌根防治，黄守瓜、蚜虫可用敌敌畏1000倍液防治。苗龄30~40天，真叶4~5片时移栽。

二、选地及整地

严格选择土层深厚、肥沃、排灌方便和3年内未种过冬瓜的土壤，尽早用踩锹深翻30~50cm晒土。定植前一周以窝深25cm施下基肥干后，与土拌匀，盖上无肥土6cm，准备定植。

三、定植

（一）定植期

4月上中旬，选阴天或晴天下午定植。

（二）株行距

宜适当密植，以1.78m开厢，每厢靠两边栽两行，厢面行距1m，株距可86cm，72cm、66cm，每窝一株，每亩栽800株、1000株、1100株，管理水平及施肥水平高，可较密植，一般宜1000株。另一栽法是在厢面正中栽一行，每窝留两株，向两边牵蔓上架。

（三）栽苗要求

从营养钵中取出冬瓜苗时，不能散土伤根。放窝内后，用细土把周围掩住，要求移栽后叶不蔫萎。重庆春季常干旱，栽苗前厢面充分灌水，使土壤湿润，以便盖膜。

四、盖膜

凡定植早者（4 月初）宜先盖低拱棚天膜，促苗快长，4 月下旬转盖地膜；凡定植期迟到 4 月中下旬者，可只盖地膜。盖天膜应防止晴天中午“烧苗”现象，注意揭开两头通风。

五、施肥

基肥应占总量的 40%。基肥用人畜粪尿 5000kg，过磷酸钙 30kg，或沤制“三合肥”1500kg；追肥用人畜粪尿 1000kg、尿素 35kg、氯化钾 10kg，基肥和追肥共含 N 106kg，P_2O_5 46kg，K_2O 70kg，三者能提供亩产冬瓜 20000kg 的需要。瓜坐稳后和采瓜前 10 天重点追肥，前期（5 月中旬 – 6 月上旬）用 30% 人畜粪催苗两次；中期（6 月上旬 – 7 月下旬）用 80% 人畜粪追肥 2 ~ 3 次；后期（8 月上旬至 8 月底）重追肥 2 ~ 3 次，每次用人畜肥 2500kg。氯化钾在长蔓期追施，尿素分期施，重点在后期保藤时施，伏旱期间经常勤施淡粪水，保持土壤湿润；开花结果期间，每周用 0.3% 的磷酸二氢钾加 0.2% 尿素作根外追肥，于晴天下午 5 ~ 6 时喷雾，整个生长期中追肥 7 ~ 8 次。

六、搭“人”字架

5 月下旬在每厢厢面上用黄竹搭一列“人”字架，架高 1.8m，架基宽 1.3m，将各“人”字架架顶用竹横向捆稳，整架呈立体三角形，架上用竹簪横捆四层，便于叶蔓铺整个架的

外层。（见图 6－1）

图 6－1　冬瓜“人”字架栽培（1）

七、压蔓绑蔓

蔓长 1.5m 时，将蔓牵至厢的对边或同行的第三株处绑蔓上架，压蔓长约 1.2m，将各株主蔓均匀摆布在架上，绑住。理蔓、绑蔓在下午进行。

八、选花及人工辅助授粉

要求每株结瓜 3 个，第一雌花在 15 节以上出现的，除畸形者外，一般保留；第二瓜在第 20～30 节的雌花中选花柄粗而较短、子房长大者；第三瓜在主蔓 30～40 节的雌花中或侧蔓上第 1～2 朵雌花中照同样条件选。盛花期每晨天亮后即进行人工辅助授粉。

九、“三打”

结第二瓜以前彻底、及早打净侧芽侧枝，结第二瓜后适当留一、二侧枝；瓜坐稳后打去多余雌花；中后期打除老脚叶。此项工作在下午进行。

十、采收

第一花所结伏前瓜在 6 月下旬至 7 月中旬、重 3～5kg、未充分成熟时及时采收；伏瓜在7月下旬至8月、瓜的大小基本长够、种子尚未成熟时采收；秋瓜在9~10月成熟时采收。商品瓜不应有歪嘴畸形瓜及失水过多的瓜，每亩产量可达6000kg以上。(图6－2)

图6－2　冬瓜“人”字架栽培（2）

第三节　冬瓜的采收与贮藏

冬瓜主要是采收老瓜，各地的经验均认为要20~25片叶子以上才能结大瓜。所以一般均以第一瓜采为嫩瓜。留第2~3瓜结为老瓜。冬瓜果实的发育最初很慢，后来迅速，最后又渐慢。花谢后15~20天，生长最为迅速。冬瓜喜高温，一般在夏至到大暑，果实膨大最快，立秋处暑以后增长逐渐减慢，转向种子发育。伏天结成的果实发育最充分，果实大而重。冬瓜从开花到成熟约需40天，当果实停止膨大，果毛脱落，绝大多数品种果面腊粉累积得又白又厚时，即达充分成熟，此时带一段茎割下，能贮藏一段时间，在秋淡期间供应。

冬瓜的贮藏对于延长冬瓜的供应期，调节市场需要，保证均衡上市，都有一定作用。为了提高冬瓜的耐藏性，延长贮藏期，在果实发育期间避免偏施氮肥，在采收前15～20天停止追肥和减少灌溉；否则，果实组织不充实，降低耐贮性。贮藏的果实必须是充分成熟的，组织充实，果皮厚而老熟，贮藏期间抵抗力较强，较耐藏。大型冬瓜的果实一般在坐果后四五十天才能成熟，嫩瓜不耐藏。采收应在植株大部分叶片保持青绿而未枯黄之前进行，如大部分叶片枯黄后采收，会降低产量和品质。雨后不宜立即采收。雨后果实吸收大量水分，贮藏后容易发病，应选晴天采收。

贮藏冬瓜应具备阴凉、通风、干爽的条件，可贮放在空屋内或温度较低的窖内，适温在10℃左右，相对湿度70%～75%，贮藏时地面铺细沙、麦秆或稻草，其上堆放2～3层瓜，也可将瓜摆在瓜架上。选作贮藏的冬瓜，自采收到贮存过程，必须小心搬动，避免果内外受伤，以增进耐贮性。贮藏期间应经常检查，及时挑出有病的果实，以免传染。

第七章 苦 瓜

第一节 概述

苦瓜以嫩果供食，可炒可焖，味甘苦，维生素 C 含量高，是人们喜欢的一种精细蔬菜，在四川栽培较普遍。苦瓜喜温，属耐热蔬菜，过去在露地栽培条件下，要 4 月初定植，6 月上旬才采收上市，至夏季炎热时拉秧，采收期较短，产量及产值均低。近年来，人们提早播种育苗，在地膜或大棚覆盖条件下栽培，可在 5 月上旬采收，比露地提早 30 多天。苦瓜是当时的一种时鲜蔬菜，每千克售价 5 ~ 6 元，比大量采收时高数倍，采收期也延长，每亩产量达 3500kg，产值达万元，具有很好的经济效益，是大棚栽培中很有发展前途的一种蔬菜。

一、苦瓜的特征特性及对保护地环境的适应性

苦瓜喜温，较耐热，不耐寒，种子发芽适于 30℃ ~ 35℃，苦瓜种皮虽厚，但容易吸收水分，在 40℃ ~ 50℃温水浸种 4 ~ 6 小时后，在 30℃左右催芽，经 48 小时开始发芽，60 小时便大部分发芽。温度在 20℃以下发芽缓慢，13℃以下发芽困难。在 25℃左右，约 15 天便可育成具有 4 ~ 5 片真叶的幼苗；如在

15℃左右，则需要20～30天，但温度稍低和短日照，发生第一雌雄花的节位提早。开花结果期适于20℃以上，以25℃左右适宜；在15℃～25℃范围内，温度越高，越有利于苦瓜的生育，结果早，产量也高。在30℃以上和15℃以下对苦瓜的生长结果都不利。

苦瓜属于短日性植物，但对光照长短的要求不严格，喜光，不耐荫，开花结果期需要较强光照，充足的光照有利于光合作用及坐果率的提高；否则，光照不足常引起落花落果。苦瓜喜湿不耐涝，生长期间需要85%的空气相对湿度和土壤相对湿度，但不宜积水，积水植株易受害。

二、品种选择

保护地栽培的苦瓜宜选择早熟、丰产、耐寒及适合消费习惯的白皮或青皮苦瓜作栽培种，四川作早熟栽培的主要有以下品种。

（1）成都大白苦瓜。成都市地方品种，植株主蔓长3.0m以上，分枝性较强，第一雌花生于主蔓第15节，雌花间隔2～5节，果实长圆柱形，顶端钝尖，外皮乳白色，单嫩瓜重250～300g，抗病、耐热、品质好。

（2）小白苦瓜。重庆市地方品种，植株主蔓长3.0m以上，分枝性强，第一雌花生于主蔓9～14节，雌花间隔2～3节，第一雄花生于主蔓1～3节。果实纺锤形，外皮及果肉白色，单嫩瓜重约150g，定植至始收约60天，耐旱，肉质脆，苦味适中，吕质好。

近年来引进了中晚熟、夏秋栽培的碧秀、翠秀等台湾品种。

第二节 苦瓜大棚栽培技术

一、培育早熟壮苗

四川早春温度变化大，常出现连续低温、阴雨天气，瓜苗极易受冻害和病害，常规均于3月初播种，育成短龄小苗于2~4片真叶时定植，苦瓜难以早熟高产。为克服这一限制因素，应改迟播为适时早播，一般在2月上中旬播种，比原播种期提早20天左右，这样有效地延长了苦瓜的生长期。

播前先进行种子处理，用55℃温水浸种10分钟，并不断搅拌，然后在室温下浸种36小时，捞起稍晾，捏破种嘴，再置33℃条件下催芽，待种子出芽80%时便可播种到营养钵内，营养钵可用塑料营养钵或纸制营养钵，营养土用7份园土，3份腐熟有机肥混匀制成。

育苗可用酿热温床或电热温床，用酿热温床育苗，床坑内加入酿热物后，再铺上5cm园土，在园土上紧密排列营养钵，钵内装好营养土并压实。播前浇透水，然后每钵播一粒种子，并盖1.5cm厚湿润细土，盖上塑料小拱棚。出苗前棚内温度维持在30℃左右为宜；出苗后注意通风换气，并将温度控制在25℃~28℃为宜；苗齐后普遍喷一次1000倍托布津药液。苗床土平时在晴天上午可适当洒水，以湿润为度，切勿水分过多，并结合施8%腐熟人尿肥水，待苗子长到4片真叶时定植。

二、定植

苦瓜是喜温耐热作物，定植时要求气温稳定通过15℃以后，一般在3月下旬定植。采用大棚和地膜覆盖，可提高小环境条件下的气温和土温，大棚苦瓜可提前在2月上旬定植，在苦瓜定植前一个月左右，于畦面上开好三条沟（畦中间一条和两边定植行各一条）其中中间沟较宽较深，将准备好的肥料，按亩施腐熟有机肥4000kg，土杂肥2000kg，钙镁磷肥50kg和适量草木灰及尿素拌匀，分别条施在三条沟中，其中中间沟占60%，两条定植沟各施20%，盖土后盖膜，保温防雨淋冲刷。苦瓜定植在小沟中，初期吸收小沟中的肥料，使苦瓜苗在高肥条件下得到早生快发，随着植株长大，根系延伸吸收中间沟的肥料，不致造成脱肥，苦瓜的定植密度为1000～1200株/亩，有利争得更多的主蔓和一次分枝挂果。

三、定植后的管理

前期棚内温度应控制在32℃以下。在晴天，气温15℃～20℃时可开棚门通风换气，雨天不开棚门，不浇水，不打药，以免增加大棚内湿度，4月中下旬，气温逐渐升高，应视气温上升情况，及时拆除大棚膜。

苦瓜苗期不耐肥，追肥宜薄施。在第二批果实采收后，揭开畦两边的地膜在距根部20cm左右，开沟施坐果肥，施用20～25kg复合肥；否则，瓜条会变小。

苦瓜花属异花同株，前期苦瓜是在大棚内形成的。气温较低，棚门开启较少，棚内空气流动少，而且无传粉昆虫，自然授粉较困难，人工授粉就成为苦瓜授粉的主要途径，凡是人工授粉早、人工授粉率高，早期结果就多，产量就高。因此，人工授粉是大棚苦瓜高产高效的关键技术。

当主蔓出现第一雌蕾后，开始整枝，将其基部的侧枝一律剪去，等主蕾出现连续几个小瓜时，则要将第一个未开花的小瓜摘除，保持小瓜间有2～4个空节。主蔓上架后，看其侧蔓有无小瓜，有则保留3～4条瓜后将蔓条顶心打掉，无则从基部剪除。随时除掉多余的孙蔓、多余卷须、多余雄花，充分利用空间，使养分集中在生殖生长和瓜的膨大上，保证果实良好的发育。

苦瓜以嫩果供食，加以种子发育迅速，果实生理成熟也迅速，因此要及时采收。一般花后 12 ~ 15 天为采收期，即果实的条状或瘤状突起比较饱满，果皮转为有光泽、果顶颜色开始变淡时便可采收，过熟采收降低品质和产量。成都地区大棚苦瓜采收期在 5 月上旬，每亩产量可达 3500kg 左右。

第三节　嫁接苦瓜网式栽培技术

成都市第一农业科学研究所嫁接项目组于 2002 年开始示范并推广嫁接苦瓜网式栽培技术，苦瓜亩产 4000 ~ 5000kg，现将嫁接苦瓜网式高产栽培技术介绍如下：

一、品种选择

（一）砧木的选择

丰产抗病栽培选用丝瓜作砧木。项目组选育了苦瓜专用杂交丝瓜砧木品种：强根瓜砧。嫁接亲和性高，共生亲和性强。

（二）接穗的选择

选择抗病、优质、高产、耐贮运、商品性好，适合目标市场需求的品种作接穗。成都地区早熟栽培可以采用大白苦瓜、青白苦瓜；中晚熟、夏秋栽培选用碧秀、翠秀等台湾品种较为适宜。

二、嫁接方法

早春栽培砧木与接穗可同时播种，营养杯或穴盘育苗。接穗营养土或沙盘育苗，破心后即可嫁接。嫁接方式为顶插接。嫁接苗管理前期蔽光保温保湿，减少叶片水分蒸发，促进接口愈合；中期保温降湿，促进嫁接苗生长。

后期当嫁接苗长到 2 ~ 4 片真叶时，降温炼苗，利于定植成活。温度前期白天在 25℃ ~ 28℃，中期在 20℃ ~ 28℃，后期在 15℃ ~ 20℃，夜间温度可相应降低 3℃ ~ 10℃，但最低温度应不低于 12℃。

三、定植前准备

（一）田块选择

尽量选用三年以上未种植过葫芦科作物的地块，有条件地方采用水旱轮作。

（二）土壤消毒

定植前一个月，pH 低于 5.5 的地块，施适量生石灰，将 pH 调到 6 ~ 6.5。也可在头年夏季进行太阳热消毒，既能彻底杀死病虫害，还可以节约能源。

（三）整地施基肥

土壤消毒完成后，于定植前深翻土壤晾晒，按亩施腐熟农家肥 3000 ~ 4000kg，磷肥 50 ~ 80kg，硫酸钾复合肥 50kg，翻耕后开厢，厢宽 6m 包沟，沟深 0.2 ~ 0.3m。嫁接苗具有 4 ~ 6 叶时为定植适期，按 2.5m 左右株距栽植在距边沟 20cm 的厢面上，每亩种植 80 株以上。

四、定植

（一）定植期的确定

气温稳定在 12℃以上时即可定植。

（二）定植方式

砧木子叶离土至少 1.5cm 为宜，避免接口再次感染和不定根的发生。定植后用多菌灵600倍液作定根水，保证土壤湿润。定植成活后，用甲基托布津或适乐时20倍液涂接口。

（三）全程地膜覆盖

覆盖地膜不仅可以提高地温，保水保肥，还可以避免嫁接苗接口与土壤接触发生感染和不定根发生，保证砧木抗病性。因此保护地则可包沟全程覆盖，沟上铺松软的材料以利田间操作。

五、田间管理

（一）中耕

定植后待土壤表面稍干后进行中耕，以促进根系的发育，并结合中耕进行田园除草。

（二）插架搭棚

苦瓜抽蔓后要及时插架搭棚，或直接利用早春大棚，撤去棚膜，利用棚架。棚架所用材料最好用直径2.5cm以上的竹子，做成高度为2.0~2.2m、宽6m的拱棚，同时在拱棚的两腰都加一横拉杆，以确保棚架的稳固性。后期及时加固以防倒架。

采用网式栽培技术，则苦瓜苗牵藤时为搭架拉网适期。做法：用1.5m长、4~5cm粗的竹竿或木棒（边桩）削尖一端，以2.5m间距插入栽植行间（深约35cm）；后用其他竹竿或木棒固定纵、横梁，然后用16号细铁丝将苦瓜专用栽培网两边穿起来，平铺固定到棚架上，两端打桩固定。中间再拉一根铁丝，用2.2m的木棒撑起，形成“人”字形棚架。瓜类专用栽培网一次购买可连续使用3年，亩用量约6~8kg。

（三）引蔓整枝

定植成活后的苦瓜抽蔓很快，要及时引蔓上棚，一米以下侧蔓全部摘除，只留一根主蔓上架。苦瓜以侧蔓结果为主，到了中后期，及时摘除过分密闭和细弱的侧枝以及黄叶、病叶，以利通风透光，减少病虫害，延缓植株衰老。

（四）追肥浇水

定植成活后结合浇水，每亩施用复合肥5kg，以后依苗情适量加大追肥量。进入采收期后，每10～15天追肥一次，每次施用复合肥10～15kg，并进行适当灌水，以防早衰。（图7－1）

图7－1　春辣椒＋苦瓜的嫁接网式栽培

第八章　菜　豆

第一节　概述

菜豆又名四季豆、芸豆、玉豆、刀豆、芸扁豆等。原产中南美洲，17 世纪引入欧洲栽培，以后传入亚洲，再引入我国。现在我国各地均有栽培，菜豆是一种喜温的蔬菜，不耐霜冻和高温，可在春夏间或秋季露地栽培，早春可利用保护地栽培，提早上市。菜豆的嫩荚及老熟种子都有丰富的营养。据分析，食用嫩荚含有 6% 蛋白质，10% 纤维，1% ~3% 的糖，干种子中有 22. 5% 的蛋白质，59. 6% 的碳水化合物，除供鲜食外，也是罐头工业的主要原料。

一、对外界环境条件的要求

菜豆是喜温蔬菜，既怕严寒，又畏酷暑。发芽适温为 20℃ ~25℃，低于 10℃ 或高于 40℃ 不能发芽。幼苗在地温 13℃时开始缓慢生长，但根数少，短而粗，20℃左右为其生育适温，短期的 2℃ ~ 3℃ 低温，叶会失绿转黄，温度低达 -0. 5℃ ~ -1℃ 时受冻死亡。花粉发芽的适温为 20℃ ~25℃，在 30℃ ~35℃ 的高温下，不稔花粉数增加，落花、落荚数增多，气温和地温的高低，对根瘤菌着生多少有影响，根瘤菌在气温23℃和28℃时生育良好，气温和地温低于13℃以下，几乎无根瘤着生。

在我国栽培的矮生品种和蔓生品种大都呈中光性，南北相互引种能顺利开花、结荚。菜豆对光照强度的要求较严格，光照过弱，植株徒长，主茎和侧枝的节数都减少，甚至生育受阻，在开花结荚期光弱，开花、结荚率都减少。

菜豆根系入土较深，有较强抗旱力。软荚种比粒用种要求较多的水分，土壤最适湿度为田间持水量的60%～70%，低于这个指标，根系生长条件恶化。在土壤含水量为70%时，花期推迟，开花、结荚数减少，而且荚小，荚内发育充实的种子数也减少。菜豆最适宜的空气湿度是65%～75%，空气湿度大和土壤水分过多易引起病害发生。

菜豆对无机养分的需要，在生育初期便吸收较多的钾和氮，到开花、结荚时，氮、钾的吸收量迅速增加。幼苗茎叶中的氮钾也随着生长中心的变化逐渐转移至果荚中去。磷的吸收量较氮、钾虽少，但磷的缺乏，影响开花、结荚和种子的发育。

二、主要栽培品种

四川菜豆品种资源极为丰富，是豆类蔬菜中品种最多的菜类。菜豆依其生长习性可分为蔓生种和矮生种，蔓生种栽培面积最大，城郊蔬菜基地多是其中的软荚种，主食豆荚；粮区多是其中的硬荚种，主食豆粒。矮生种栽培面积小，供应期短，对增加淡季蔬菜有一定作用。

（一）蔓生种

茎生长点为叶芽，主蔓长2.5～3.3m。初生茎节的节间短，以后茎节的节间伸长，左旋性向上缠绕生长。每个茎节的腋芽可抽出侧枝或花序，它们之间具有相互抑制的作用。抽出侧枝之节，花芽多不发育。茎节一般以抽出花序为多。因此，随着茎蔓的生长而增加花序数。

四川栽培的主要品种有：肉四季豆、红花肉豆角、白花肉豆角等。

（二）矮生种

植株矮小而直立。一般在主枝发生4～8节后，茎生长点成为花芽，不再继续伸长。在主枝叶腋抽出各侧枝，其生长点亦为花芽。这类品种早熟，豆荚采收期比较集中，适于机械化栽培，但产量较低，多数品种品质较差。

四川栽培的主要有供给者、优胜者、江户川矮生等品种 。

三、栽培季节

菜豆为喜温蔬菜，不耐霜冻，可在10℃～25℃下生长，而以20℃左右为最适宜，30℃以上高温，由于不稔花粉增加，花粉管伸长受阻，花粉发芽率降低，因而落花，落荚增多。菜豆的多数品种属于中光性，对日照长短要求不很严格。根据菜豆对于温度和光照的反应，菜豆的栽培季节以避过霜期和不在最炎热时期开花结荚为原则。四川多在春秋两季栽培，而以春季栽培为主。春季为了提早供应，苗齐少缺窝，用早熟种于2月中旬浸种催芽，后于温床或冷床内育苗。为了成活快，生长好，苗子不宜过大，若栽较大的苗子，应采取保护根系的措施，如用营养钵育苗，带土移栽，于4月下旬开始采收。中晚熟种于3月上旬露地播种，5月上旬开始采收。

第二节　春季栽培技术

一、土壤选择

菜豆选择土层深厚，通透性良好的土壤栽培为好。连作或与豆科作物连作生育不良，易发病，宜行 2～3 年轮作，菜豆耐酸性弱，微酸性及中性土壤，有利于根系的生长和根瘤菌的发育，pH 酸碱度在 5.5 以下，应施石灰中和，早熟栽培宜选易升温的沙质土，中晚熟种宜选黏壤土，以提高产量。菜豆的主侧根较发达，播种前应深翻土地，做成深沟高畦。

二、播种定植

精选种子是保证全苗、壮苗的关键，故应选粒大、饱满、无病虫的新鲜种子播种。大粒种子苗较高大，花芽分化较小粒种子早而好，产量也较高。菜豆露地播种以不浸种好，尤其是在春季气温低，土壤湿度高；或夏季温度高，土壤干旱的情况下，浸种反而易发生烂种。早熟栽培可浸种催芽及育苗，浸种时间不宜过长，以不超过 2～4 小时为好。浸种后覆盖保温，可在发芽后播芽子，也可转绿后育苗至第一对真叶展开时带土移栽。晚熟种可直播不必育苗。蔓生种行株距 50×（40～50）cm，每穴 3～4 粒，每亩用种量 3～4kg，矮生种行株距 33～（40×26）cm，每穴 3～4 粒，每亩用种量 6kg 左右，直播往往有缺苗现象，应注意及时补苗。菜豆播种时宜用腐熟堆、厩肥作基肥，不宜用过多的氮素肥料作种肥，防止烂种。一般每亩用厩肥 1000～2500kg，或垃圾肥 5000kg，混合过磷酸钙 10kg，草木灰 100kg。

三、田间管理

菜豆的生长期短，根瘤菌的生长也较差，在开花前应适当追施氮肥和一定量的磷钾肥，使植株生长健壮，促进根瘤菌的活动。一般追肥 3 ~ 4 次，当定植后 3 ~ 4 天已齐苗时追第一次肥，用 20% 人畜粪 800kg，第二次在定植后 10 ~ 15 天施 30% 的人畜粪 1000 ~ 1200kg，并混合过磷酸钙 2. 5kg、草木灰 50kg，然后搭架。第三次追肥用量同第二次，这次追肥对促进开花结荚有作用。第四次追肥在开花结荚初期，每亩施硫酸铵 7. 5kg、过磷酸钙 5kg、草木灰 100kg，这次追肥能促进植株结荚良好，在开花结荚中期以 2% 的过磷酸钙作根外追肥 1 ~ 2 次，可以增加后期产量。

蔓生种在出现缠绕茎时应及时搭架，将蔓牵引至“人”字架上，捆绑一次，植株基部侧枝于 6cm 长时抹去，中部侧枝长 30 ~ 50cm 时摘心。搭架前进行中耕，使土壤保持疏松。

四、落花落荚的原因及防止

菜豆的结荚率一般只有 20% ~ 30%，多者不超过 40% ~ 50%。蔓性菜豆的落花，有初期、中期、后期三次变化，初期落花是随着植株的发育而引起养分不均衡，中期落花是由于花与花之间争夺养分而引起，而后期落花则由于营养不良与不良的环境条件的影响。影响菜豆落花落荚的原因，主要有几个方面。高温和低温影响花芽的正常分化，高夜温对菜豆的开花更为有害；菜豆对光照强度的反应很敏感，菜豆由于弱光减产比低温影响更显著，在高温、高湿或高温、干旱的条件下影响菜豆的花粉发芽力；菜豆不同品种果荚中脱落酸含量的多少也与植株的开花数、落荚数有关。要防止落花落荚，在栽培措施上，适期播种，使盛花期躲过高温季节。栽培密度恰当，或隔畦间作，改善光照条件，氮、磷、钾合理配合施用。及时采收嫩荚。或用萘乙酸（NAA）（5～20）×10^6溶液喷射，对保花保荚有一定效果。

五、采收与留种

菜豆荚长饱满后应及时采收，以保质量，过期不采，纤维增多，品质降低，影响产量。矮生种一般每亩产750～1000kg，蔓生种每亩产1000～1500kg。菜豆的天然杂交率为0.2%～10%，为了保持优良种性，各品种间仍应保持100m以上的距离，留种的部位，矮生种以选择中部侧枝先端结的果荚较好，蔓生种的开花顺序是由下部节位的花序向上部节位逐次开放，留种以选择第10节位左右强健花序所结的果荚为好，种荚采收的适期，以荚壳色泽转黄刚干缩时最好，否则在多雨潮湿地区采收过迟，种子会在荚内发芽或霉烂。

第三节　秋菜豆的栽培技术

秋季蔬菜特别是早秋淡季蔬菜市场缺口大，需求量多，生长期短，效益好。秋四季豆是其中一项值得大力发展的豆类蔬菜，成都市双流县新兴乡1997年栽培秋四季豆面积达1000多亩，每亩产量1000kg多，每千克价格为1.40～1.60元，每亩产值为1400～1600元。

秋四季豆一般在水稻收后直播，65～75天收完，收后安排小春或蔬菜，利用了秋闲田，不耽误主作，每亩净增收1000多元，因此发展较快。(图8－1)

采用红花青壳品种，该品种为蔓性种，肉厚，嫩脆、品质较好。

秋季种植蔬菜茬口紧，因此首先要安排好前作的收期，水稻应选用早熟种，在7月底收完，水稻收获前几天应开好田边沟，排水降湿，不仅有利收割，亦有利后作。水稻收后应立即深翻土地，在苗龄允许的前提下，若天气晴好，最好能让其暴晒2～3天后，再按技术要求整地。由于秋季雨水多而大，四季豆怕渍怕涝，因此要深沟高厢栽培，开好围边沟、中沟、厢沟，做到沟沟相通，内高外低，达到雨过沟干，厢面要整平整细。

图8－1　秋菜豆栽培

成都地区秋四季豆的播期为7月25—8月12日。秋四季豆播种的行株距为（60～67）×33cm，每亩3300～3500窝，播种后除盖一层薄土外，应再盖谷壳、稻草等，以利保湿，避免暴雨打板土壤，出苗后立即去掉覆盖物，以免徒长。

种子出现真叶时，可浅中耕，并施用稀薄的人畜粪尿，暴雨后也要中耕，以保持土壤湿度，夏秋季气温高，不宜用浓肥。秋四季豆生长前期，气温较高，土壤干燥，幼苗要每隔2～3天浇水一次，若雨水过多，土壤积水易造成落花落荚，病害严重，应注意排水。在成都地区，秋四季豆播后14天搭架，45天开始采收，国庆节前后为盛采期，65～75天收完。

秋四季豆的病害主要是锈病。在发病初期摘除病叶烧毁，并可选用低毒高效少残留的药剂喷雾防治。

第九章 豇豆

第一节 概述

豇豆又名豆角，带豆。原产自亚洲中南部，包括中国、东南亚和印度等地。我国自古就有栽培，以南方各省市栽培较多。豇豆营养价值高，豇豆的鲜豆荚含有丰富的胡萝卜素，在干物质中蛋白质含量约为2.7%左右，糖类为4.2%，此外亦含有少量维生素B及维生素C，豇豆可炒食凉拌或腌泡，老熟豆粒可作粮用，是夏秋主要蔬菜之一，对蔬菜的周年供应特别是7—9月蔬菜淡季供应有重要作用。

一、对外界环境条件的要求

（一）对光照的要求

豇豆属于短日照作物，但不少品种对日照长短的要求并不严格，不论在日照渐长的初夏或渐短的深秋，均能开花结荚，表现为中光性。一般地说，矮生种较蔓生种对日照长短的反应稍为严格一些。豇豆喜阳光，在开花结荚期间需要良好日照，如光线不足，会引起落花落荚。

（二）对温度的要求

豇豆是耐热性蔬菜，能耐高温，不耐霜冻。在于25℃～35℃的温度，种子发芽较快，而以在35℃时，发芽率和发芽势最好，在20℃以下温度，发芽缓慢，发芽率降低，在15℃的较低温度时发芽势和发芽率都差。对于豇豆种子播种后的出土成苗则以30℃～35℃时为快，抽蔓以后在20℃～25℃的气温生长良好，35℃左右的高温仍能生长结荚，15℃左右生长缓慢，在10℃以下时间较长则生长受到抑制。在接近0℃时，植株冻死。

（三）对水分和营养的要求

豇豆根系发达，吸水力强，叶面蒸腾量小，所以比较耐旱。种子发芽期和幼苗期不宜过多水分，以免降低发芽率，或使幼苗徒长，甚至烂根死苗。开花结荚期要求有适当的空气湿度和土壤湿度，土壤水分过多，易引起落花落荚。豇豆结荚时需要大量的营养物质，且其根瘤菌又不及其他豆科植物发达，因此必须供给一定数量氮肥，但也不能偏施氮肥。增施磷肥，可以促进根瘤菌活动，根瘤较多，豆荚充实，产量增加。

（四）对土壤条件的要求

适宜豇豆生长的土壤范围较广，但以肥沃的壤土或沙质壤土为好，不宜选用黏重和低湿的土壤。对于土壤酸碱度的反应，pH酸碱度以6.2～7为宜，即适于中性或微酸性土壤，土壤酸性过强，会抑制根瘤菌的生长，也会影响植株的生长发育。

二、品种选择

菜用豇豆多属蔓性长豇豆、应选用早熟、优质、商品性好的品种。

三、栽培季节

豇豆在四川春、秋均可栽培。应根据各季节的气候条件，选择适当的品种，对日照长短要求不严格的品种，可在春、秋两季栽培。对短日照要求严格的品种，则必须在秋季栽培。在播种季节上，春播宜早，秋播也宜早不宜迟。在春季栽培时，如采用地膜加小拱棚覆盖，则采收期可大大提前。

第二节　豇豆的春季栽培

一、整地、施基肥

豇豆不宜连作，最好选择三年未种豆类作物的田块种植，豇豆地应实行早耕深翻，做到精细整地，以提高土壤保水保肥能力，改良土壤结构，提高土地肥力。豇豆的根瘤菌不很发达，加之植株生长初期根瘤菌固氮能力较弱，为了促进前期生长发育，应施用充足的有机肥料作基肥，增施磷肥对豇豆有明显的增产效果。每亩基肥用量：有机肥料 5000kg 以上，过磷酸钙 25 ~ 30kg，草木灰 50 ~ 75kg 或硫酸钾 10 ~ 20kg，深耕前施入迟效性肥料，翻至土壤下层，整地作畦时表土再施入充分腐熟和速效性肥料。栽植前整地筑高厢，厢宽包沟 1.3m，沟深 25 ~ 30cm，喷 35% 除草醚，每亩 0.5kg，立即覆盖地膜。

二、培育壮苗

春豇豆特别是早春豇豆直播后，气温低，发芽慢，遇低温阴雨，种子容易发霉烂种，成苗差。故以育苗为宜，育苗还可以提早和延长采收时期。早春豇豆可采用冷床或营养盘育苗。四川在春分前后一个星期播种育苗，采用冷床育苗移栽（如早熟栽培可采用温床育苗，大苗移栽)。种子精选后，播于育苗盘上，育苗盘内装园土、锯木屑与棉籽壳等疏松物，每三粒种子播一起，距离 3 ~ 4cm，播种前浇透水，播后盖一层土，将育苗盘排成一排，用竹片拱小棚，上盖塑料薄膜。注意苗期管理，出土以前不揭薄膜，出土以后至移植前，膜内温度保持20℃左右，最低不低于 5℃，经常保持湿润，避免过湿徒长。平时需要通风，也要注意定时换气，这样，幼苗生长整齐健壮，移植后生长旺盛。

三、定植

苗床育苗一般于第一复叶开展前定植，定植选择晴朗和暖天时进行，将地膜用刀片划口后栽入，栽苗后将幼苗四周孔隙用细土盖严。

四、田间管理

(一) 追肥

豇豆在开花结荚之前，对肥水要求不高，如肥水过多，蔓叶生长旺盛，开花结荚节位升高，花序数目减少，侧芽萌发，形成中下部空蔓。因此前期宜控制肥水抑制生长，当植株开花结荚以后，就要增加肥水，促进生长，多开花，多结荚。豆荚盛收开始，需要更多肥水时，如脱肥脱水，就会落花落荚。因此要连续追肥，促进翻花，延长采收，提高产量。追肥用量约人粪尿 1000kg、尿素 3kg、过磷酸钙 15kg、氯化钾 7kg，在 7 月上旬时划膜施入，施后仍将薄膜盖上，至收获结束。

(二) 搭架整枝

植株开始牵蔓时立支架，将蔓牵至“人”字架上，茎蔓上架后捆绑 1 ~ 2 次，当植株基部侧芽长至 10cm 左右时，全部摘除，植株中部侧枝长至 3 ~ 4 节时，留二节摘心；植株长至

支架顶端时摘梢，上部侧枝长出也留 2 节摘心。（见图 9－1、图 9－2）

图 9－1　豇豆的支架栽培

图 9－2　豇豆的简易支架栽培

五、采收留种

在嫩豆荚已发育饱满，种子刚刚显露时采收。豇豆每花序有花芽 2 个以上，起初开花二朵，结二荚果，以后的花芽还可以开花结荚，故采收时不宜伤剩下的花芽，以利结荚，可留 1cm 左右的果荚采收，勿伤其基部的花芽，在采收后期再追一次肥，可使这些花芽开花结荚，可多采收4~5次。

豇豆留种应选无病的植株基部和中部豆荚，花序成对结荚整齐，豆荚具本品种性状的留种，种株要及时摘心，待种荚转黄松软时采收。

第三节　豇豆的早熟栽培

图9-3　豇豆的大棚栽培

豇豆过去在大棚栽培的不多，主要是露地或地膜覆盖栽培，由于豇豆是耐热蔬菜，一般要3月下旬或4月初才定植大田，6月初才采收，上市期晚，采收期不长，经济效益也差。近年来人们利用地膜加小拱棚或大棚栽培，将播种期提前到2月下旬，由于保护设施可抗御其生长前期的低温，使豇豆的生长发育提前，到5月上中旬采收，提早20~30天上市，当时的豇豆是一种时令蔬菜，售价达（5~6）元/kg，大棚豇豆的前期产量（6月10日前）比露地或地膜高2~3倍，前期产值和总产量也增加，具有很好的经济效益和社会效益。故利用塑

料大棚栽培早熟豇豆是一项值得发展的新技术。(图9-3)

一、品种选择

作大棚早熟栽培的品种，都用适宜各地消费习惯的早熟品种。

二、豇豆大棚栽培技术

(一) 培育早熟壮苗

早春豇豆直播后，气温低，发芽慢，遇低温阴雨，种子容易发霉烂种，成苗差。大棚豇豆需提早育苗，这是早熟栽培的关键性技术措施，可采用酿热温床或电热温床育苗，于2月下旬播种，也可采用营养钵育苗。种子精选后，播于育苗钵中。育苗钵内装园土、农家肥配制的营养土。播种前浇透水，每三粒种子播一起；播后盖一层土，将育苗钵摆在温床上，用竹片拱小棚，上盖塑料薄膜。注意苗期管理，出土以前不揭薄膜，膜内温度保持25℃~30℃。子叶展开后，白天可降至20℃~25℃，夜间15℃~20℃较为理想，最低不低于5℃。经常保持湿润，注意通风换气。这样，幼苗生长整齐健壮，移植后生长旺盛。

(二) 定植

豇豆根深耐旱，附生的根瘤菌不多，加之生育期较长，要连续开花结荚，需要较多的养分。因此，在定植前必须深耕，施足基肥。每亩基肥用量：有机肥料5000kg、过磷酸钙25~30kg、草木灰50~75kg或硫酸钾10~20kg。深耕前施入迟效性肥料，翻至土壤下层，整地作畦时表土再施入充分腐熟的速效性肥料。栽植前整地筑高厢，厢宽包沟1.3m，沟深25~30cm。喷35%除草醚，每亩0.5kg，立即覆盖地膜，扣上大棚。

在3月上中旬选晴天定植，定植选择晴朗和暖天时进行，将地膜用刀片划口后栽入，栽植密度（45~50）×26cm，栽苗后将幼苗四周孔隙用细土盖严。

（三）田间管理

1. 温度管理

定植活棵阶段要注意保温少通风，以提高棚温，有利于缓苗。待蔓叶开始正常生长后，晴天中午要揭膜通风。开花初期随着气温的升高逐渐加大通风量，以免因温度过高引起徒长和落花。

2. 肥水管理

豇豆需要有一定数量的优质基肥，才能保证全生育期生长需要，但基肥过多也造成植株徒长，调整好营养生长和生殖生长的关系是大棚栽培生产的关键。前期除定植后浇一次肥外，要尽量控制肥水，尤其是氮肥的使用，防止植株只长蔓叶，不形成花序。植株基部出现花序开始追肥，当植株大部分出现花序时要施重肥，此时绝不可使叶片发黄，以后每采收 2～3 次需追肥一次，追肥时使用复合肥效果更好，一般每亩施 5～10kg，保证植株不早衰。

3. 植株调整

大棚内支架不宜过早，早了遮阴，但过迟蔓茎相互缠绕，不利搭架，一般到蔓茎抽出后才开始支架，双行栽植的搭成人字架，将蔓牵至“人”字架上，茎蔓上架后捆绑 1～2 次。

豇豆每个叶腋处都有侧芽，每个侧芽都会长出一条侧蔓、若不及时摘除下部侧芽，会消耗养分，严重影响主蔓结荚；同时侧蔓过多，架间郁蔽，通风透光不好，引起落花而结荚少，所以必须进行植株调整，这是一般露地豇豆栽培容易忽视的，调整的主要方法是打杈和摘心。

打杈是把第一花序以下各节的侧芽全部打掉，但打杈不宜过早，过早打杈影响侧枝生长，一般有 6～9cm 长时才打掉。但在第一花序以上各节的叶芽应早摘除，以促花芽生长。

主蔓生长到架顶时，应及摘除顶芽，促使中、上部的侧芽迅速生长，若肥水充足，植株旺盛时，可任其生长，形成中、上部子蔓横生，各子蔓每个节位都生花序而结荚，为延长采收盛期奠定了基础。至于子蔓上的侧芽生长势弱，一般不会再生孙蔓，可以不摘，但子蔓伸长到一定长度，大约 3 ~ 5 节后即应摘心。

4. 采收

在嫩豆荚已发育饱满，种子刚刚显露时采收。

第四节　秋豇豆的栽培要点

一、秋豇豆应选抗热性较强的早、中熟品种，如红嘴燕和白露豇。

二、秋豇豆栽培应选凉爽之地，做成深沟高厢，以利排水。

三、选择适宜的播种期

夏播的红嘴燕豇豆，50 ~ 60 天可开始采收。在川东地区，播种期可从 5 月中下旬至 6 月底排开播种，在此范围内，早播的产量高。成都地区秋豇豆适宜的播种期为夏至前后，在秋分前后收获。

四、秋豇豆可以不必育苗，采用直播。株行距可较春播者密，如果土壤干燥，应先浇水后播种，以利发芽。播种后要用谷壳、稻草等覆盖，避免暴雨打板土壤，保持土壤湿润，出苗后立即去掉稻草等覆盖物，以免植株徒长，若缺苗应立即补苗。

五、秋豇豆生长前期正遇高温，土壤较干旱，应注意灌溉，保持土壤湿润。若雨水过多，则应注意排除土壤积水，秋豇豆常发生锈病应注意防治。

第十章 萝 卜

第一节 概述

萝卜又名莱菔、芦菔，为十字花科萝卜属的一、二年生草本植物。我国是萝卜栽培种的起源地，自古盛行栽培，在公元前400年的《尔雅》一书中即已记载。其肉质根中富含碳水化合物、维生素及磷、铁、硫等无机盐类。吃萝卜可促进新陈代谢和增进消化淀粉的作用。并且萝卜可当水果、蔬菜及加工腌制，用途广，品种多，能在各种季节栽培，又耐运输贮藏，可全年供应，栽培容易，产量高，为我国人民喜爱的重要蔬菜之一。

萝卜在我省栽培历史悠久，各地均有分布，与芥菜并列为冬季最普及、最重要、栽培面积最大的蔬菜。广大农村几乎家家种植；大城市郊区，可周年生产供应。

一、对环境条件的要求

（一）温度

萝卜原产于温带，为半耐寒性植物，种子在2℃～3℃时开发芽，适温为20℃～25℃。幼苗期能耐25℃左右较高的温度，也能耐－2℃～－－3℃的低温。萝卜茎叶生长的温度范围，可比肉质根生长的温度范围广些，约为5℃～25℃，生长适温约为15℃～25℃；而肉质根生长的温度范围为6℃～20℃，适宜温度为18℃～20℃。所以萝卜营养生长期的温度以由高到低为好，前期温度高，出苗快，形成繁茂的叶丛，为肉质根的生长建立基础。以后温度逐渐降低，又有利于光合产物的积贮，当温度逐渐降低到6℃以下时，植株生长微弱，肉质根膨大已渐停止，即至采收期。当温度低于－1℃～－2℃时，肉质根就会受冻。此外，不同的类型和品种，能适应的温度范围并不一样。例如四季萝卜与夏秋萝卜类，肉质根生长能适应的温度范围较广，约为6℃～23℃，根据这个规律，我们就可以将不同类型的品种，安排在不同的季节中栽培，以达到周年供应的目的。

（二）对水分的要求

适于肉质根生长的土壤有效水含量为65%～80%，空气湿度为80%～90%，空气湿度大，可提高品质，但是土壤水分也不能过多，否则土中空气缺乏，不利根的生长与吸收，而且易引起表皮粗糙，根痕处生有不规则的突起，影响品质。土壤过于干燥，气候炎热，则肉质根的辣味增强，品质不良。如果水分供应不匀，则肉质根容易开裂。

（三）土壤营养

萝卜以富含腐殖质、土层深厚、排水良好的沙壤土为最好，黏重土壤仅宜于直根入土浅的露身品种栽培。耕土层过浅，坚实，则易影响肉质根分叉，有机质缺乏的土壤，应施用有机肥料进行土壤改良。土壤的pH以5.3～7为合适。四季萝卜对土壤酸碱度的适应性较广，pH可在5～8。萝卜对营养元素的吸收量，以钾最多，次为氮，再次为磷。所以对萝卜的施肥，不宜偏施氮肥，应该重视钾肥磷肥的施用。

（四）光照

萝卜同其他根菜作物一样，都需要充足的日照，日照充足，植株健壮，光合作用强，物质积累多，肉质根的膨大快、产量高。如果在光照不足的地方栽培，或株行距过密，杂草过多，植株得不到充足的阳光，碳水化合物的积累少，肉质根膨大慢，产量就降低，品质也差。

萝卜的光周期效应属长日照植物。完成春化的植株，在长日照（12 小时以上）及较高的温度条件下，花芽分化及花枝抽生都较快，因此，萝卜春播时容易发生“未熟抽薹”现象，而在秋季栽培时，则有利于肉质根的形成。

二、类型和品种

萝卜的品种十分繁多。可依根形、根色、用途、生长期长短、收获期、栽培季节及对春化反应的不同等来分类。在四川，萝卜已形成了能适应不同温度范围的许多品种，按其收获期不同分为以下四个品种群，这里将各类中重要品种简介如下。

（一）冬萝卜

品种最多，栽培面积最大。一般 8—9 月中旬播种，11 月—次年 2 月收获。为中、晚熟的大、中型品种。多为白色种，少数红白、绿白相间的品种，大多产量高、品质好。

主要品种有枇杷缨满身红、花缨子、青头萝卜、圆根萝卜等品种。

（二）秋萝卜

生长期较短，苗期耐热力较强，肉质根中等大或较小。一般 7—8 月播种，9—11 月收获。可炒食、煮食，也适宜做泡萝卜，是秋淡季时的重要蔬菜。

目前主要品种有枇杷缨萝卜、花缨子萝卜、荆条萝卜等。

（三）春萝卜

多为小型品种。抽薹晚，不易糠心。晚秋或初冬播种，次年2—3月收获，对供应春淡季有一定作用。品质较差，全省栽培面积很少。

目前主要品种有春不老、小缨子枇杷叶萝卜等。

（四）四季萝卜

一年四季均可栽培，以春、夏为主。宜选择耐热性强，生长期短，肉质根小的品种，目前主要品种为枇杷缨满身红萝卜等。

第二节　秋冬萝卜栽培技术

（一）整地、施基肥

种植萝卜以选择前作物施肥多、耗肥少，土壤中遗留大量肥料的茬口为好。但刚种过油菜等十字花科蔬菜的地，易生病虫不宜选用，对这些土地须行2～3年轮作。冬萝卜的栽培多选用大型品种，有的品种入土较深，因此，对土壤的选择和耕地条件要求严格。在土壤选择上，宜选富含有机质、肥沃、深厚、排水良好的疏松土壤；并要求深耕达33cm以上，不乱层次，充分耕细整平，并视其该地区具体情况开平厢或深沟窄厢。凡干燥地区，土质疏松，排水良好，土层深厚，入土较浅的品种宜做成平厢；反之，则宜作深沟窄厢。厢的宽窄视其具体情况（如间套作的安排等），不过沟深应以不少于17cm为

宜，宽可为27cm左右。也可采用地膜覆盖栽培。（图10－1）

图10－1 萝卜的地膜栽培

萝卜在生长前期，需速效氮肥较多，以促进营养生长旺盛进行。中、后期应相应增施磷、钾肥，以促进肉质根的迅速膨大和健壮生长。就该作物本身对肥料的消耗量而论，氮最多，钾次之，磷最少。在施肥时应以基肥为主，追肥为辅。基肥的种类与用量因土壤的肥力与品种的产量等不同而异，长江流域多用人粪尿为基肥，群众一般施肥标准为担粪担茶，即要每亩产5000kg，就要施肥5000kg，并以基肥为主，约占总肥量的70%，追肥占30%，不过基肥除人粪尿外还应与腐熟的厩肥、堆肥等含氮、磷、钾的肥料配合施用为好。因单纯使用人粪尿易使徒长，肉质根甜味差。每亩可撒施腐熟的厩肥2000～2500kg，施后耕入土中，而后耙平开厢，做到土壤疏松，厢面平整、土粒细碎均匀。

（二）播种

1. 适期播种

播种期的选择，应按照市场的需要及各品种的生物学特性，创造适宜的栽培条件，尽量把播种期安排在各适宜生长的季节里。尤其是要把肉质根膨大安排在月平均温度最适宜的季节，以期达到高产优质的目的。冬萝卜的栽培，应在秋季适时播种，重庆地区以 8 月下旬至 9 月上旬播种为好，成都地区以白露至秋分播种为宜。

2. 播种量

萝卜大面积栽培时，播种前必须先做好种子发芽试验，以决定正确需要种子的数量。一般撒播用量较多，条播次之，穴播最少。穴播的一般每穴 5 ~ 7 粒，每亩用种量 0. 4 ~ 0. 5kg。出苗后如果出现有缺苗的现象，应及早补播。

3. 合理密植

合理密植是配置适当的作物群体结构，调节个体与群体的关系，达到充分利用环境条件，提高产量的有效措施。因此，必须根据当地的土、肥、水等条件和品种特性来确定合理的种植密度。大型萝卜如草墩，酒罐等，行距 40 ~ 50cm，株距 40cm，中型种行距 17 ~ 27cm，株距 17 ~ 20cm，小型的四季萝卜撒播 5 ~ 7cm 见方，播种要均匀，播种时的浇水方法，有先浇水或水粪再播种而后盖土，与先播种，盖土后再浇水两种方法。播种后的盖土厚度约 2cm，暑期播种后除盖土外，还应覆盖谷壳、灰肥等，以保持水分，保证出苗迅速整齐，以免暴雨打板土壤，妨碍出苗。

（三）加强田间管理

1. 匀苗

萝卜播种后到幼苗出土后生长迅速，要及时匀苗。一般本叶 1 ~ 2 片时可开始匀第一次苗，每穴留三株，3 ~ 4 片本叶时匀第二次苗，5 ~ 6 片本叶时，即最后定苗，每穴一株，一般匀苗 2 ~ 3 次即可。

2. 灌溉

萝卜抗旱力强，并且水分过多也易引起病害。因此，萝卜的栽培必须掌握及时排灌。一般说，在发芽期供给充足的水分，以保证发芽迅速，出苗整齐，幼苗期宜少浇水，以促根部向下生长；在肉质根膨大初期，灌水也不宜多，以免叶子徒长，肉质根迅速膨大时，则应充足而均匀地进行灌水，以促进肉质根的充分成长，使其更加肥嫩。在采前半月应停止灌水，以抑制叶的生长，促进肉质根的膨大，增进品质及耐贮性。在初秋气候炎热干燥时，应特别注意苗期灌水，常在灌水时适当掺入腐熟的稀薄人、畜粪尿进行抗旱。然而到叶部旺盛生长，肉质根膨大期间又是秋雨盛发，连绵阴雨，此时应注意排水，以防软腐病蔓延。

3. 分期追肥

萝卜在生长前期，需速效氮肥较多，以促进营养生长旺盛进行。中、后期应增施磷、钾肥，以促进肉质根的迅速膨大和健壮生长。在施肥时应以基肥为主，追肥为辅，尤应注意切忌用浓厚的新鲜人粪尿作追肥，以免引起肉质根的损伤或腐烂。一般追肥三次以上为宜，第一次在“破肚”以后肉质根开始膨大时；第二次在肉质根已相当膨大时，第三次在肉质根迅速膨大时施入；同时应配合钾肥的施用。以追施氮肥而言，在施用量上应掌握轻—重—轻的关系。

4. 中耕除草

萝卜生长期间须进行中耕，锄松表土，尤其在秋播萝卜苗较小时，气候温暖雨水多，杂草容易发生，须勤中耕锄草。长萝卜出土部分高者可结合中耕进行培土。田间杂草应随时清除，以减少病虫害，并减少水、肥、光等的损失。

（四）采收

秋冬大萝卜播种后三个月可收获，萝卜采收的标准，一般在肉质部充分膨大，肉质根的基部已圆起来“圆腚”，叶色转淡，开始变为黄绿时，便应及时采收。如作为鲜食的，用刀切除萝卜叶丛上市供应，如为贮藏的，常在萝卜刚抽薹时，及时将地上部割去，随即掩土，使之起到减少呼吸作用、抑制生长、减少养分和水分的消耗，在冷凉季节可存留地内 2 个月而不发生空心。（见图 10－2、图 10－3）

图 10－2　大邑县唐王坝成片萝卜

图 10－3　大邑县唐王坝的满身红萝卜

第三节 萝卜免耕栽培技术

“稻——菜轮作”是粮经复合种植的一种重要模式。其中，稻田免耕栽培萝卜模式具有省工、操作简便等优点，特别是在目前劳动力紧缺的情况下，更适合广大农户使用。栽培技术简述如下。

选择排灌方便的沙（壤）土，在水稻收割后及时排干田水，做好四周排水沟和厢沟。播种前 10～15 天稻田喷施除草剂如“百草枯”，使用圆根萝卜和罐头萝卜等入土较浅的萝卜品种如蜀萝 9 号、春不老等，9 月中下旬播种，播于稻桩窝内，每窝留苗一株，每亩 5000～6000 株，播种后 20～25 天定苗，定苗后每亩使用高效复合肥 50～80kg 穴施于萝卜植株旁边。在肉质根膨大期间，视土壤水分情况用水淋灌 1～2 次，按正常收期收获。

第四节 春萝卜的栽培要点

春萝卜在西南与华南冬季温暖的地区，多在 10 月间播种，露地越冬，2—3 月间收获。也有春播夏收的。多有耐寒、晚熟，收苔迟的品种，如热萝卜、亮白萝卜、小缨枇杷叶萝卜、白玉春萝卜，待前作收后，即耕地、施足基肥，耕翻耙平，作包沟 3. 3m 或包沟 1. 7m 的厢面。即可播种。

品种特性、播种、间苗、田间管理等，参看前面萝卜栽培部分。

第十一章　胡萝卜

第一节　概述

胡萝卜为伞形科二年生的草本植物，原产中亚细亚一带，元朝时传入我国。胡萝卜的肉质根富含蔗糖、葡萄糖、淀粉和维生素A，也含有多量的钾、钙、磷、铁等盐类。其中以维生素A的含量最多，100g新鲜胡萝卜中含9mg维生素A，比番茄高1.5倍，比菠菜高1.4倍，比甘蓝高达300倍。维生素A是防止夜盲病与呼吸道疾病的主要营养物质，所以胡萝卜是对人体健康最重要的蔬菜，也是很有发展前途的一种蔬菜。胡萝卜中维生素A的含量又与根色有关，红色胡萝卜中含量最高，黄色胡萝卜中含量低。

一、胡萝卜的特性及生长需要的环境条件

胡萝卜的根系发达，当子叶出土后，幼根即可深达10cm左右，并长出具有稠密的根毛的小侧根。在疏松的土壤中根系分布可深达2m，宽60cm。随植株不断生长，将其同化物运至根部贮藏，形成膨大的肉质根。其主要食用部分是次生韧皮部，其中贮藏了丰富的蔗糖、葡萄糖、淀粉和胡萝卜素等营养物质，是其主要的可食部分，肉质根的心柱（髓部）为次生

木质部构成，含营养物质少，质地较硬。因此，优良的胡萝卜品种，一般心柱较小。

肉质根中胡萝卜素含量与根的色泽有关，颜色愈浓则含量愈高，在肉质根的组织中，次生韧皮部中的胡萝卜素比心柱为高，上端比下端为高。

胡萝卜的叶为全裂的单叶，表面有茸毛，蒸发量小，是耐旱力强的特征。胡萝卜当第二年春季植株抽出花茎，高1～1.3m，中空有节，密生茸毛，花梗具分枝，为复伞形花序。花白色，虫媒花，易天然杂交。开花授粉后，结成二心皮的双悬果，黄褐色，表面有纵沟及刺毛，成熟时分裂为二个果实。每果实含种子一粒。种子千粒重1～1.5g，因种子含有挥发油，不易吸水膨胀，以致发芽缓慢，在好的贮藏条件下，发芽力可保持3～4年。

胡萝卜种子发芽适温为20℃～25℃，约5天即可发芽。幼苗期能耐较-3℃～-5℃低温。茎叶生长的适温为23℃～25℃。幼苗可耐较长时间的27℃以上的高温。肉质根膨大期的适温为13℃～18℃。在此适温范围内根生长快，根形整齐，品质好。胡萝卜是一种绿体植株低温感应型的蔬菜。植株生长到一定大小后，一般在1℃～3℃条件下60～80天即可通过春化阶段。开花结实期的适宜温度为25℃左右。

胡萝卜对光照条件要求较高，光照充足，叶宽大；光照不足，则叶片狭小，叶柄细长。尤其在肉质根肥大期间，若种植过密或杂草遮阴等，都会招致低产或品质不良。胡萝卜为长日性植物，在14小时以上的长日照条件下通过光照阶段。

胡萝卜适宜在土层深厚、肥沃，富含腐殖质又排水良好的壤土或沙质壤土生长。黏重土壤，排水不良，最易发生歧根、裂根，甚至烂根，对长根型的品种为害尤甚。耕作层一般不应浅于25cm。适宜的土壤有效水含量为60%～80%。胡萝卜需氮肥、钾肥较多，磷肥次之。胡萝卜对土壤溶液浓度很敏感，幼苗期不应高于0.5%，成长植株最高不应超过1%，否则将导致缺苗断垄。胡萝卜对土壤酸碱度适应性较强，其适应范围pH为5～8。

二、类型和品种

胡萝卜的形态变异没有萝卜的大，因此，品种较少。依肉质根的皮色可分为红、黄、紫三类，依肉质根的形状可分为长圆柱形，长圆锥形和短圆锥形三类。

（一）长圆柱形

根细长，肩部粗大，根先端钝圆，晚熟。

主要有小缨子、细心红萝卜、日本新黑田五寸人参等品种。

（二）长圆锥形

根细长，先端尖，味甜耐贮藏，多为中晚熟种。

如撬把子、黄胡萝卜等品种。

（三）短圆锥形

早熟、产量低，春栽抽薹迟。

第二节　胡萝卜的栽培技术

一、土壤选择、整地及施肥

胡萝卜比萝卜更能耐旱和耐瘠，要求有高孔隙度、土层深厚的土壤为其特点。种胡萝卜宜选土层深厚、通气排水良好、沙性重的土壤，即是沙土、响沙土等因其疏松，土层深厚，虽不肥沃，但只要有适当的肥水管理，也能获得丰产。土壤必须深耕。胡萝卜的施肥，以掌握基肥为主、追肥为辅的原则，并且皆宜用腐熟的肥料，否则歧根增多，影响品质与产量。据测定每10000kg胡萝卜中约含氮32kg，磷13kg，钾50kg，因而在肥料的施用上应根据氮、磷、钾的比例配合肥料施用。追肥次数不宜过多，一般追2～3次即可。主要在前期施用，氮肥也不宜过多，否则叶易徒长，反而产量不高，降低品质。

二、适时播种

胡萝卜肉质根的生长，适于冷凉的气候。但是，胡萝卜的幼苗耐旱与耐热力比萝卜强，而且生长期也长。为了争取高产优质，则须利用幼苗耐热的特性，宜将播种期提早些，以便有充足的生长期。农谚有“七大、八小、九丁丁”，即说明播种期的迟早与产量的关系。四川盆地一般均在7月份播种。春播时更需适时播种，播种太早，容易先期抽薹，为了延长供应，宜选撬把子等耐热性强，早熟的品种进行排开播种，播后70～80日收获，但产量较低，品质也不理想。

三、播种法

因胡萝卜种子上有刺毛且含油分，吸水膨胀困难，出土缓慢，因此，播前应将刺毛搓去，再行风选，于清水中浸种一昼夜，并换水2～3次，取出后晾干，再拌和谷壳或细沙土，使播种均匀。行条播、穴播、撒播均可，播后均需覆盖，以保持湿润，使出芽迅速整齐。凡经覆盖者一周内则可出芽，反之，则需半月之久才陆续出芽。一般穴播者行株距17cm×13cm，条播者行距23～27cm。

四、田间管理

（一）间苗

胡萝卜喜光，充足的阳光有利于肉质根的形成，在光照不足的情况下，胡萝卜的叶柄变细长，叶色变淡，叶片变薄，光合作用大大减弱。因此，当幼苗出齐后，要及时间苗。第一次在生 1 ~2 片真叶，苗高 3 ~4cm 时进行，各株间距保持 3 ~5cm 的距离，第二次苗高 7 ~10cm 时进行，株间距约 7cm。第三次定苗，株间保持 10 ~13cm 为宜。

由于胡萝卜出苗迟，幼苗生长慢，抗杂草能力弱，必须抓紧前期的除草工作。中耕宜浅，如有肉质根上端露出地面，则用细土壅培；否则，因日光照射会发生绿色，而使品质变劣。

（二）施肥灌溉

胡萝卜的生长期长，除施基肥外，还要追肥 2 ~3 次，第一次在出苗后 20 ~25 天，生有 3 ~4 片真叶后进行，第二次在第一次后 20 ~25 天于定苗后进行。胡萝卜对于土壤的溶液浓度很敏感。胡萝卜追肥切忌肥料浓度过高。胡萝卜虽较萝卜耐旱，但在夏秋干旱时，特别在根部膨大时，仍要适量浇水，才能丰产，一般应保持 60% ~80% 的土壤湿度。

五、采收留种

胡萝卜素的形成主要在后期，愈趋成熟，肉质根颜色愈深、营养价值增高，品质柔嫩，甜味增加，所以待肉质根充分膨大成熟时，才可收获，如采收过早则不能获得理想的产量和质量。当然留土时间也不宜过久。

在留种时，应根据不同品种特征特性进行选择，一般应注意选叶少、肉质根心细、色鲜红（黄色种除外）、头小者作种株。在栽植时应注意距离，将不同的品种分开。留种地尤应注意周围不应有野萝卜。

第十二章　大白菜

第一节　概述

白菜类蔬菜属十字花科芸薹属的植物，为我国原产。经我国劳动人民精心培育的结果，类型和品种丰富，品质好，产量高，栽培面积也很大。白菜类可分为大白菜和散叶白菜两个种及其变种。大白菜在华北地区栽培面积较大，也是我省主要秋冬蔬菜之一，大白菜品质柔嫩，风味好，渣少易熟，含有多种营养物质，是消费者生理活动所必需的维生素、无机盐及食用纤维素的重要来源。大白菜可供炒食、煮食、凉拌、做汤、做馅和加工腌制等，食用方法多样，因而受到广大消费者的欢迎，大白菜也具有很好的药用价值。

一、对环境条件的要求

（一）温度

白菜类属半耐寒蔬菜，要求在温和冷凉的气候条件下生长。一般不耐严寒，也不耐炎热，其中以结球白菜（大白菜）对温度要求较为严格。结球白菜种子发芽最适宜的温度为20℃～25℃，幼苗期适宜的温度范围为20℃～28℃，如温度过高，幼苗则生长不良，莲座期要求的日平均温度为22℃～18℃。结球期对温度的要求较为严格，以日平均温度22℃～10℃为宜，10℃以下则生长停止。

结球白菜能耐轻霜，不耐严霜。当温度达－2℃时，叶球受冻，但仍可以恢复；在－5℃～－8℃的低温下受冻则不能复原。

（二）光照

结球白菜的光合补偿点约为750Lx，光合饱和点约为15000Lx。在南方栽培结球白菜，日照强度一般是足够的。日照强度与温度有关，在早秋还可能由于日照强度过高引起高温对结球白菜的生长有不良影响，因此秋播不宜过早。

（三）水分

结球白菜叶面积大，叶面角质层很薄，蒸发量大，因而对水分条件要求高。在发芽期土壤水分充足，可以促进种子发芽和幼苗出土。在幼苗和莲座叶生长时期，土壤水分充足，可促进根系的吸收而加速外叶生长，提高光合作用。在结球期，土壤水分充足，有利于营养物质的运转和积累，促进叶球充实。但土壤水分过多，会使根系发育不良，甚至发黑、烂根。同时土面潮湿，易引起软腐病和霜霉病的严重为害。

（四）养分

结球白菜以营养器官为产品，而且单位面积产量很高，因而对土壤养分要求高，尤其对氮肥要求高，结球白菜各个生长时期氮磷钾总吸收量的比率大约为2:1:3，大约每100kg白菜吸收N 150g，P_2O_5 70g，K_2O 200g。三要素吸收量大约与植株干重增长量成正比。由发芽期至莲座期约占总吸收量的10%，而结球期占90%。同时由发芽期至莲座期吸收氮最多，钾次之，磷最少；结球期吸收钾最多，氮次之，磷仍最少，有机肥因为分解有机酸，能促进根系生长，提高抗性，大白菜地施用有机肥效果明显。

二、类型和品种

（一）大白菜的类型

大白菜可分为“散叶”“半结球”“花心”和“结球”四个变种，它们可能是在长期的栽培和选育过程中，由顶芽不发达的低级类型进化到顶芽发达的高级类型，而形成的园艺变种。

1. 散叶变种

大白菜的原始类型，叶片披张，不形成叶球，抗热性和耐寒性较强。多分布在华北及华中、华南，主要是山东省中南部至江苏省北部，多作春末或夏季栽培。

2. 半结球变种

由散叶变种进化而成。外层顶生叶抱合成球，但内部空虚，球顶完全开放，呈半结球状。耐寒性强，多分布于东北、河北省北部、山西省北部以及西北高寒地区，生长期 60 ~ 80 日。

3. 花心变种

是半结球变种的顶生叶抱合进一步加强而成，但叶顶端向外翻卷，呈白色、淡黄或黄色的“花心”状。耐热性较强，多分布于长江中下游，称为“黄芽菜”。北方多作秋季早熟栽培或春季栽培，生长期 60 ~ 80 日。

4. 结球变种

是花心变种的顶芽进一步加强抱合而形成的大白菜高级类型。叶球坚实，顶生叶完全抱合，顶端不向外翻卷，球顶闭合或近于闭合。有三个基本生态型。

（1）直筒型。叶球细长圆筒形，高度大于直径的 4 倍以上。原产于冀东一带，这一类型的品种一般无毛，叶片较厚，叶色深绿，适应性很强，为大型品种，生长期 90 天左右。

（2）卵圆型。叶球卵圆形，高度为直径的 1.5 倍，顶部尖或稍圆，原产山东胶东半岛，这一类型的毛较多，叶片较薄，叶色绿或淡绿，要求温和湿润的气候，生长期 100～110 天。

（3）平头型。叶球呈倒圆锥形，顶平下尖，高度和直径大致相等或稍高，原产河南中部，这一类型毛较少，叶片中等厚，叶色绿或淡绿，适应大陆性气候，生长期 100～120 天。

（二）我省主要栽培的大白菜品种

春季栽培宜选择冬性强、抽薹较晚、结球率高、耐热抗病的品种；夏秋季栽培宜选择耐热、耐湿、生长期较短的品种；冬季栽培宜选择高产、优质的品种。

三、栽培季节

结球白菜在营养生长时期内要求的温度是由高到低，在生长前期能适应较高的温度，生长后期要求比较低的温度，在四川盆地的气候条件下，结球白菜主要是秋季栽培，即秋冬大白菜，一般以 8 月下旬至 12 月中旬这段时间为其最适宜的生长季节，结球白菜的播种期要求较严格，四川在丘陵地区适宜的播种期为 8 月下旬，山区可适当提早，坝区适当延迟，同时也因品种特性和供应的要求而有不同。

结球白菜也可破季栽培，即早秋白菜及和春大白菜。早秋白菜选用耐热品种，在 7 月上旬至 8 月上旬播种，国庆节前后上市，虽然产量和质量不及正季栽培，但可为秋淡季增加一个蔬菜花色品种。春大白菜在 1 月份播种，4 月采收，这种栽培方式延长了大白菜的供应期，近年来栽培面积日渐增多。

第二节　秋冬大白菜的丰产栽培技术

大白菜在秋冬菜供应上占有特别重要的地位，种好秋冬大白菜应掌握以下几个技术环节：

一、选用抗病丰产良种

宜选用抗病性较强，结球率高，优质高产的品种。

二、实行轮作

大白菜软腐病可由土壤传病，病毒病可由十字花科作物和蚜虫等传病，实行合理轮作有利防病。有条件的地方可实行水旱轮作。大白菜丰产栽培应选保水保肥力强的土地，深耕细整，做成包沟 1.67m 的厢面，厢沟深 20～27cm，以利排水。也可采用地膜覆盖栽培（图 12－1）

图 12－1　大白菜的微喷灌

三、适时播种

大白菜是半耐寒性蔬菜，耐寒和耐热力都较弱，应适时播种，将各生长时期安排在适合的气候条件下。根据品种的不同熟性来确定播种期：山东早四号、丰抗 70 等早熟品种，宜在 8 月上旬播种；80—25、山东七号等中熟品种，宜在处暑播种；杂交三号、山东四号、鲁白三号、福山白等宜在处暑前后播种。山区可适当提早，坝区适当延迟。早熟品种每亩栽 2600 株左右；中晚熟品种每亩栽 2400 株左右。早熟种每亩用种量 250g 左右；中晚熟品种每亩用种量 150g 左右。这样有利于培育健壮秧苗。

四、加强田间管理

1. 苗期管理

秋冬大白菜苗期处于高温多雨季节，要注意排涝，苗期要匀两次苗，苗高 16 ~ 17cm 时定苗，每窝留一株壮苗。

2. 肥水管理

大白菜生长快，要求养分条件好。施肥的要点是：保证生长期中，按照各个时期的需要，供给充足的养分。

基肥用肥效持久的肥料，如堆肥、骨粉、油枯等，撒施、沟施和穴施。在一般情况下，每亩用堆肥 4000 ~ 5000kg，粪肥 500 ~ 1000kg（或油枯 50 ~ 100kg）；草木灰 100 ~ 150kg 及过磷酸钙 15 ~ 20kg。以上各种肥料如先与腐熟的堆肥混合，肥效更为持久。

大白菜生长期长，在生长的各个时期对于养分的需要量逐期增加，因此还应针对各个时期的需要，分期施用追肥。追肥的重点放在莲座叶生长的盛期与结球的前期和中期，追肥可分五次进行。第一次要在幼苗期施“提苗肥”，用量较轻，一般用稀薄的人粪尿；在莲座叶生长的初期，第二次追肥，一般用稀释的人粪尿加氮素化肥，再结合灌水施草木灰；第三次于莲座叶生长盛期，在行间开沟施肥，以有机肥料和氮磷化肥为主，施入后盖土灌水；在结球前期和中期再追肥二次，在结球

后期一般停止追肥。（见图 12－2、图 12－3）

图 12－2　大白菜地膜栽培

图 12－3　大白菜的水培

第三节　早秋白菜的丰产栽培技术

早秋白菜指国庆节前淡季上市的结球白菜，一般每亩可产 2000～2500kg，产量虽不高，因其在秋淡季上市，经济效益和社会效益较好，其栽培技术要点如下。

一、选用耐热品种

选用耐热、抗病、早熟、播后60余天可收获的品种。

二、适时播种

供秋淡上市的早秋白菜，恰当播种时间在7月中下旬，过早播种则卷心不好，晚播则推迟上市。这段时间常有暴雨，播种一定要抓紧有利时机，根据气象预报，选几天内无暴雨的晴天抢播。

三、采用深沟窄厢

在秋淡季蔬菜栽培中，雨害是主要矛盾，应采用深沟窄厢栽培，由于高厢显露的土壤面积大，水分蒸发量增加，可降低田间湿度，减少绵雨的危害。具体做法是厢宽包沟1.7m，低地沟深33cm，一般地沟深20～27cm。

四、实行合理密植

白菜早熟品种开展度小，植株较紧凑，故适于密植。也只有合理密植，增加单位面积株数，才能获得较高产量。一般每亩播种0.25～0.3kg，定苗后每厢4行，株距37～40cm，每亩留苗4000～5000株。

五、抓紧田间管理

早秋大白菜应及时间苗，定苗，为了保证全苗，可在2～3片真叶时，将3～5株幼苗，起成一土团补栽，采用人粪尿作追肥，应先淡后浓，先少后多。一般追肥3～4次，分别在每次间苗后及开始包心期追肥，每亩共施人畜粪尿2000～2500kg。连续降雨后应及时追肥，天晴无雨时需适当浇水。

第四节　春大白菜棚栽技术

成都市的大白菜栽培以秋冬栽培为主，并搭配栽培早秋大白菜。因早春气温较低，春大白菜易抽薹，过去栽培较少。成都市彭州市三界镇自 20 世纪 90 年代末在科技人员的指导下，开始尝试用大棚栽培早春大白菜，4 月上旬至 5 月初收获上市。由于这段时期云南产区的白菜刚卖过，本地露地春白菜还远未成熟，正是四川及周边省市白菜供应淡季，而这批棚栽大白菜刚好在这一时期应市，因此行情一般较好，菜农收益也不错。经过 10 多年发展，三界镇早春棚栽大白菜已成为全镇蔬菜产业的一个重要项目。2012 年三界镇早春棚栽大白菜面积达 10000 亩，销售收入 8000 万元，亩平 8000 元，仅此一项全镇农民人均所得 2400 多元。

早春棚栽大白菜的生产技术要点。

一、选用良种

由于早春大白菜生长前期气温较低，应选用抗寒性强的早熟品种，如强春、汉城春、春福皇等品种，防止先期抽薹的发生，用种量每亩 30g。

二、适期播种

大棚育苗　适期播种是春大白菜种植成功与否的重要措施之一。根据这些年成功的经验和失败的教训。在成都春大白菜一般在 1 月 5—15 日播种为宜。如播种过早，定植于露地时气温过低；播种过迟，则采收期延迟而影响经济效益。苗床宽 1.2m，长 20m（较长保温性好，具体长度视实际情况而定），施入 1kg 三元复合肥和适量腐熟有机肥。同时施入 10kg 草木灰，5kg 石灰，调节土壤酸碱度预防根肿病，将土整细耙平，浇少量水，使表土湿润，均匀播上种子，细土盖种。

保温育苗是防止先期抽薹的关键。在大棚里苗床内播种后，还需加盖小拱棚，保温效果更好。育苗期夜间棚温控制在15℃左右，白天棚温控制在22℃左右。幼苗2～3叶时，假植入营养钵，同样加盖小拱棚，苗龄30～35日内定植于大田。

三、适时定植

大棚加地膜覆盖　种大白菜的田块前作收获后深耕晒垡，并施入腐熟农家肥（如鸡粪）1000～1500kg/亩，三元复合肥（45%）50kg/亩，均匀耙入田中。在定植前，先做好畦，建好大棚以提高地温。选健壮幼苗带土定植，株行距0.4m，每亩4500株左右。定植后结合浇定根水用恶霉灵、根奥、农用链霉素、百菌清等灌根，防治根部病害，并覆盖地膜。

四、田间管理

定植后待幼苗发棵时施“开盘肥”，亩用碳酸氢铵7.5kg、氯化钾2.5kg 兑水追施；白菜开始抽桶时，施“抽桶肥”，亩用碳酸氢铵15kg、氯化钾10kg 兑水追施；白菜定植于大田后30天左右可揭去大棚，此时应预防一次蚜虫和斑潜蝇等虫害；白菜结球后施“灌心肥”，亩用复合肥20kg、氯化钾10kg 兑水追施。每次施肥后应防治霜霉病、软腐病以及虫害。合理的肥水管理，使植株营养充足，有利于白菜稳产高产；否则，常因缺水、缺肥、管理粗放而发生不同程度的抽薹，降低品质和产量，商品率降低，严重影响收益。

五、适时早收

早春大白菜结球达八成左右，应适时采收。因此时温度已高，采收过晚易发生抽薹；其次，过于紧实的叶球遇高温或遇雨易发生腐烂，影响品质和产量。

早春大棚白菜一般亩产可达5000kg以上（2012年亩平产量达6000kg以上），以2012年平均价格每千克1.3元计算收入为6500元，扣除种植成本1630元，纯收益达4870元。如果将竹竿与棚膜按2年利用折算，亩纯收益达5320元。

第十三章　甘　蓝

第一节　概述

甘蓝类是十字花科芸薹属（*Brassica*）的植物。甘蓝类蔬菜起源于地中海沿岸，是野生甘蓝进化而来的。经过长期的选育形成了结球甘蓝、球茎甘蓝、抱子甘蓝、芥兰等种和变种。甘蓝类蔬菜传入我国栽培有百余年的历史。由于种类多、品种多样化、适应性强、栽培容易、产量较高、品质优良，所以各地普遍栽培。结球甘蓝简称甘蓝，又名包心菜、洋白菜、莲花白菜，以叶球供食，是甘蓝类中栽培最多的蔬菜，是我省的大宗蔬菜之一。利用不同条件，排开播种，分期收获，几乎可周年供应。结球甘蓝每 100g 可食部分中含硫铵素、核黄素各 0.4mg，烟酸 0.3mg，维生素 C 39mg，钙 100mg，是营养价值较高的蔬菜。

一、对外界环境条件的要求

（一）对温度的要求

甘蓝性喜温和冷凉的气候，不耐炎热，属于耐寒蔬菜，对温度的要求一般说来以 15℃ ~25℃ 为最适宜，但在各个生长时期而有所不同。发芽最低温度在2～3℃，此时要15天左右才出苗，而18℃～20℃时则2～3天即能出苗。在20℃～25℃时适宜外叶生长，进入结球时，以15℃～20℃为适宜。生长临界低温为5℃。

（二）对水分的要求

甘蓝本身含水量为92%～93%。甘蓝要求在湿润气候条件下生长，不耐干旱。一般在80%～90%的空气湿度和70%～80%的土壤湿度下生长最好。如果在气候干燥土壤水分不足时，往往受到缺水的影响，生长缓慢，包心延迟，叶球松散降低产量和品质。甘蓝也不耐渍，如果雨水过多，土壤排水不良，根系会变褐、变黑，使植株生长停止或发生严重的黑腐病、软腐病，达不到收获的目的。

（三）对光照的要求

甘蓝是长日照作物，未完成春化前，长日照有利生长。甘蓝是喜光的蔬菜，在光照不足的条件下，幼苗期表现为茎部伸长，成为高脚苗，莲座期表现为脚叶萎黄，提早脱落，新叶继续散开，迟迟不进入结球。因此在育苗和定植时，密度不能过大，以免植株光照不足。

（四）对土壤养料的要求

甘蓝对土壤的适应性强，但以含有机质多的黏土、壤土栽培为好。甘蓝是喜肥和耐肥的作物，其吸收量比一般蔬菜多，在幼苗期和莲座期需要氮肥多，结球期需要磷、钾肥多。甘蓝对有机肥料反应良好，在充分施用厩肥与矿质肥配合施用的条件下，可以显著发挥肥效。

二、类型与品种

（一）甘蓝的类型

依叶球的颜色及性状可分为白球甘蓝、赤球甘蓝和皱叶甘蓝，我国栽培的多系白球甘蓝；依成熟期可分为早熟种、中熟种和晚熟种。依叶球的形状可分为平头、圆头和尖头三个类型，一般按这个方法分类的比较多。

1. 平头形

植株较大，叶片开张，叶球扁圆形，中柱短缩，品质好，产量高，一般为晚熟种。

2. 圆头形

植株中等，开张度较小，叶球呈圆头型，一般为早熟种和中熟种，产量不如平头类型的高，在南方各省作越冬栽培，容易发生先期抽薹，栽培较少。

3. 尖头型　植株较小，叶球呈心脏形，叶片长卵型，中肋粗，中柱较长，早熟，产量较低，可作春甘蓝栽培。

（二）我省目前栽培的主要甘蓝品种

既有适宜春季栽培抗病早熟的甘蓝品种 ，又有适宜秋冬栽培的抗病丰产的中晚熟甘蓝品种。

三、栽培季节

结球甘蓝适应性强，苗期能耐高温，在月平均温度22℃的较高温也能结球良好；耐寒力较强，在四川一般地区结球后可安全越冬。利用这些特性，并将早、中、晚熟品种排开播种，分期收获，再采取一些措施，提前延后，可以终年供应。其具体办法是：

（一）春甘蓝在10月份播种，在12月下旬至2月上旬陆续定植，早熟品种可在4月中、下旬至5月上旬收获，一般中、晚熟品种在5月中、下旬至6月收获。

（二）在2月上旬增播一季夏甘蓝，于4月上旬移栽，5月上旬至7月上旬收获，可选用抗病抗热力较强的牛心子、上海黑叶小平头等品种，宜在凉爽的山区和利用间套作遮阴栽培。

（三）在6月上旬至7月上旬增播一季秋甘蓝或早秋甘蓝。于7月上旬至8月上旬定植，于9月下旬至11月上旬收获。宜利用间套作遮阴。

（四）一般冬甘蓝在7月份播种，也可迟播至8月份，于8月下旬至9月份分期定植，早熟品种在10月中旬收获，中、晚熟品种于11—12月采收，一般可收获至2月。

这些排开播种的方式中，目前夏甘蓝栽培的较少，冬甘蓝迟播的也较少，秋甘蓝栽培的面积日益增多。

第二节　冬甘蓝的丰产栽培

一、适时偏早播种

甘蓝原产地中海沿岸或西海岸，形成它需要温和和湿润的气候条件，但耐寒和耐热能力较大白菜强，特别是苗期的耐热能力更强，因此，于炎夏育苗而于冬季采收。生产上多在7月中下旬播种，重庆市郊区现将播期提早到6月下旬左右。因采用中、晚熟甘蓝品种，从播种至开始结球约需70天以上。在6月下旬左右播种，在8月中、下旬定植，至9月中、下旬即可进入结球始期，此时旬平均气温在22℃～24℃之间，秋雨已经来临，外界条件已能适应结球的需要，更主要的是争取了较长时间的10—11月19.9℃～12℃旬平均温度，以充分满足温度的需要，从而取得丰产。适时偏早播种，必须在播后20余天进行一次假植，假植行距17cm左右，并在8月中旬前后及时带土定植，以免在苗床上生长拥挤纤弱和延误生长。天旱时应加强水肥管理。

二、选用良种

冬甘蓝宜选用丰产优质的中、晚熟品种。

三、培育壮苗

冬甘蓝育苗期间正是夏季炎热干燥和有阵雨的季节，要育出壮苗，必须精细管理，具体技术措施可参阅蔬菜露地育苗部分。壮苗的标准：茎粗短、不弯曲，叶柄粗短，叶肥厚浓绿，叶形圆正或具备品种特征，外叶开张和内叶微向内卷。

四、定植

甘蓝的原产地气候温和，雨量充足，土壤肥沃。因此，栽培甘蓝的土壤宜选保水保肥力强的土壤，较黏重的壤土和砂质壤土均适宜栽培甘蓝。甘蓝对厩肥反应良好，增施腐熟牛厩肥作基肥是保证高产的措施之一，每亩可施牛栏粪3200kg，过磷酸钙25kg，草木灰150kg。

播种后40天左右，当幼苗具有7～8片真叶时进行定植，起苗时应保证幼苗带好土块或土团。这是秋甘蓝在比较高的温度下定植后很快恢复生长的重要措施。定植时先按行株距挖窝子，然后将带土块的秧苗放入，封土一半时进行浇水，使土块吸膨，再将土盖平。密植是增产的技术措施之一，可以采用宽窄行栽培，行株距大小依品种而异，尖头形的品种和平头型的早熟品种。一般可采用宽行53～60cm，窄行和株距33～40cm；平头型的中晚熟品种，可采宽行67～80cm，窄行株距47～53cm。

五、田间管理

冬甘蓝莲座叶的生长是在比较高的温度下进行的，结球期是在温和冷凉的气候下进行的，温度条件一般适合生长的要求。因而生长快，要求养料充足，一般生产施用追肥 4 次以上，每亩施人畜粪尿 4000kg 以上；定植后施 1 ~ 2 次稀薄人畜粪尿，以利成活并促进团棵，如幼苗生长较差，还可施 5 ~ 10kg 硫酸铵，团棵至莲座期可追肥 2 次，其中第二次为重肥，可施较浓厚的人畜粪尿 2000 ~ 2400kg，结合施用 50kg 左右的过磷酸钙、100 ~ 150kg 草木灰、硫酸铵 25kg 左右，以充分满足结球的需要，以后结球不紧可增施稀薄的人畜粪尿。冬甘蓝施肥应在前期气温较高时，抓紧将各次肥料施下，以满足迅速生长和结球的需要，施肥晚则收效差。

六、采收

冬甘蓝的采收期因播种期和品种而异，一般在 7 月播种的中、晚熟品种，在 11 月中、下旬开始采收，过早采收影响产量，过迟采收，叶球容易破裂，一般丰产栽培每亩产量可达 5000kg 左右。

第三节　春甘蓝的栽培技术

春甘蓝在四川省栽培面积大、产量高，是春淡期间市场供应的骨干品种。春甘蓝在南、北方都有早期抽薹的现象，因而不能结成叶球，失去食用价值，影响产量和商品价值。

一、春甘蓝未熟抽薹的原因

甘蓝是在低温（2℃ ~ 6℃）下通过春化形成花芽而引起

抽薹，南方的春甘蓝幼苗，一般都在露地越冬，容易经受低温。甘蓝通过春化除低温条件外，还要求有较大的幼苗感受低温，而所需低温时间的长短和苗子的大小因品种而异。如甘蓝品种大灰叶、楠木叶的茎部直径要求在0.63cm以上，大灰叶需15℃以下的低温15天，楠木叶需15℃以下的低温30天以上才开始孕蕾，牛心甘蓝的茎部直径要在1.15cm以上，15℃以下自然低温30天，才能开始孕蕾。由此可见，春甘蓝所以会早期抽薹，从栽培技术上看，主要是由于播种过早，幼苗生长快，植株过冬时受到低温影响，从而通过了春化，引起抽薹。

二、春甘蓝的栽培技术

1. 掌握正确的播种期和定植期

要防止春甘蓝早期抽薹，首先严格掌握播种期。播种过早会早期抽薹，播种过迟又会影响产量和品质，在四川省春甘蓝的播种期，一般品种应在霜降以后，如提早到9月中下旬播种，则必须控制苗子大小，否则易于抽薹。此外，在苗期要控制施肥，不使秧苗生长过大，定植时要剔除过大的秧苗，在四川春甘蓝的定植期以一月份为宜。

2. 选择不易早期抽薹的品种

春甘蓝对品种要求严格，应选用冬性强，不易抽薹的品种种植，如鸡心、牛心甘蓝、二乌叶、中甘11号、中甘12号、秦菜4号等品种不易发生早期抽薹，而“园头”类型的品种抽薹率较高。南方品种引到北方栽培，易满足低温的要求，而发生早期抽薹现象，应先试种。

3. 定植与整地作畦

与冬甘蓝基本相同，基肥须用迟效性厩肥，因春甘蓝生长期长，在进入迅速生长时才对养分要求迫切。早熟品种的栽植密度为株行距 40cm，中熟品种的行株距为 40～50cm。

4. 田间管理

冬季温度低，春甘蓝生长缓慢，要严格控制追肥，使幼苗处于越冬状态，避免因追肥促进生长和发育，春季回暖后，幼苗生长加快，这时需要追肥，于 3 月上旬轻施提苗肥一次，3 月下旬，气温升高，重施追肥一次，植株进入结球期后，对养料要求迫切，再追肥一次，促进结球紧实。春甘蓝一般每亩用人畜粪尿 3000kg 或用适量的氮素化肥，过磷酸钙 15kg，草木灰 100kg。追肥时结合浇水，如雨水过多，则应做好排水防渍工作。

第四节　早秋甘蓝栽培技术

早秋甘蓝又称秋淡甘蓝，这季甘蓝于 6 月播种，9—10 月上旬收获，生长期中有高温、干旱或涝害的影响，而甘蓝系低温长日照作物，叶片生长和卷心最适宜的温度为 13℃～18℃，因此必须采取适宜的技术措施才能获得较高的产量。

一、选用耐热、早熟、抗病虫的品种

温度过高容易引起叶片徒长，卷心不紧，病虫滋生，因此必须选择耐热、早熟、抗病虫的品种，如夏光、黑叶小平头、中甘 8 号等。

二、采用深沟、高厢、平窝浅栽

成都地区夏秋季高温多雨，易形成涝害，深沟有利于排灌水，高厢通风透光好利于甘蓝生长，一般排水良好的高地采用厢宽 3. 3m，中间理一排水沟，每厢栽 6 行，地势较低的采用包沟 1. 6m 的小厢栽 3 行或包沟 2m 栽 4 行。早熟品种窝距为 40～43cm，错窝栽植。厢沟深 27～33cm，地边沟深 33～

40cm，厢面微带鱼脊背形以利排水，窝子宜浅，带土的苗子栽下后做成平窝以免积水。

三、培育壮苗，适时移栽

6月上旬至下旬播种，苗龄25~28天，育苗法有在直播地内培育苗子和苗床地内培育苗子两种，在直播（点窝）地内多播点种籽以后匀苗移栽，这样苗子稀，通风好不易抽薹。苗床地育苗法是选排水良好的土地作苗床，育苗方法见前露地育苗部分。7月份带土移栽。

四、田间管理

一般在移栽后返青时淋稀薄尿水提苗，开小盘时中耕松土10~13cm，淋30%浓度的尿水，开大盘时淋50%浓度的尿水，遇大雨后土壤板结时要适时中耕松土，改良土壤结构，再淋30%~50%尿水，可排走过多的水分，以利生长。同时要抓好早期治虫。

五、及时采收

9月是蔬菜供应上的淡季，秋淡甘蓝成熟后，要及时采收，早秋甘蓝一般每亩产量1000~1500kg。（图13－1）

图13－1　甘蓝的收获

第十四章 莴 笋

第一节 概 述

莴苣（Lactuca satva L.）是菊科的一年生或二年生蔬菜，原产地中海沿岸，性喜冷凉湿润的气候条件。按食用部分可分为叶用莴苣和茎用莴苣。叶用莴苣又称生菜，广东、广西栽培较多。茎用莴苣就是莴笋，适应性强，我国南北各地普遍栽培，在长江流域是3—5月春淡季的主要蔬菜之一，四川气候温暖湿润，适宜莴笋生长，加上莴笋对栽培季节要求不很严格，产量高，食法多样，所以在四川分布非常广泛，在蔬菜栽培制度和蔬菜均衡供应上都占有很重要的地位。

一、对环境条件的要求

（一）温度与光照

莴笋种子发芽的最低温为4℃，但需时较长，发芽的适宜温度为5℃～20℃，3～4天发芽，30℃以上发芽受阻，所以夏季播种时种子须进行低温处温。

莴笋的幼苗期对温度的适应性较强。莴笋幼苗可耐－5℃～－6℃的低温，幼苗生长的适宜温度为12℃～20℃，当日平均温度在24℃左右时生长仍旺盛，但温度过高，幼苗茎部受灼伤而倒苗，所以秋莴笋育苗时应遮阴降温。茎、叶生长期适宜温度为11℃～18℃，在夜温较低（9℃～15℃）温差较大的情况下，可降低呼吸消耗，增加养分积累，有利于茎部肥大。如果日平均温度达24℃以上，夜温长时间在19℃以上时，呼吸强度大，消耗养分多，干物质向食用部分的分配率降低，并易引起未熟抽薹，茎部遇0℃以下低温会受冻。

莴笋开花结实期要求较高的温度，在22℃～29℃的温度范围内，温度愈高从开花到种子成熟所需要的天数愈少。在19℃～22℃的温度下，开花后10～15天种子成熟，10℃～15℃温度下可正常开花，但不能结实。

莴笋在发育上呈长日照反应，在长日照下发育速度随温度的升高而加快，早熟品种最敏感，中熟品种次之，晚熟品种反应迟钝。

（二）土壤营养

莴笋在有机质丰富、保水保肥力强的黏质壤土或壤土上，根系发展很快，有利水分、养分的吸收。在缺乏有机质通气不良的瘠薄土壤上，根系发育不良，莴笋的茎瘦小而木质化。莴笋对土壤酸碱值的适应性较强。莴笋的吸肥量较大，据研究任何时期缺氮都会抑制莴笋叶片的分化，而幼苗期更有显著影响，因而在生长期宜施用多量的氮肥营养，并配合施用钾肥，才能得到良好的效果。

（三）水分

莴笋在不同的生活时期对水分有不同的要求，幼苗期不能干燥也不能太湿，以免苗子老化或徒长；发棵期要适当控制水分，茎部肥大期水分要充足，如缺水则茎变小，味苦；茎肥大后期水分不可过多，以免发生裂茎，导致软腐病和菌核病的发生。

二、类型和品种

莴苣可分为为叶用和茎用两种类型。

（一）叶用莴苣 叶为根出叶，叶色为深绿或浅绿或紫红色等，叶面平滑或皱缩，全缘或有缺刻，不结球的称散叶莴苣，结球的称结球莴苣。

（二）茎用莴苣，即莴笋，叶较狭，先端尖或圆，茎部肥大，为主食部分。莴笋品种很多，常根据叶形、叶色、茎色或熟性等命名。

（三）我省主要栽培的品种

1. 早熟品种

主要有二白皮密节疤、二白皮稀节疤、青麻叶、紧叶子、水白条等品种 。

2. 中晚熟品种

主要有二青皮、挂丝红、尖叶白甲、万年桩等品种。

我省莴笋地方品种很多，如红马耳朵，双尖，伞棒，一点红，圆叶白甲，涪陵鸡啄叶，宜宾二白皮等也可供选用。

三、莴笋的栽培季节

莴笋要求冷凉的气候条件，一般以春、秋两季栽培为主，四川的气候温和湿润，适宜莴笋的生长，可四季栽培终年供应。莴笋依其收获期可分为冬莴笋、春莴笋、夏莴笋及秋莴笋四类，四季莴笋的播种、收获期见表 14－1。

表 14－1 莴笋的栽培季节

项 目	播种期	定植期	收获期
冬莴笋	8 月中旬－10 月上旬	9 月中旬－11 月中旬	11 月中旬－2 月
春莴笋	11 月上旬－1 月	1 月上旬－2 月下旬	3 月上旬－5 月下旬

续表

项　目	播种期	定植期	收获期
秋莴笋	6月-7月	7月上旬-8月上旬	9月-10月
夏莴笋	3月-5月	4月-6月中旬	6月-8月

四川栽培莴笋多行间套作，一般是春莴笋与瓜、茄、豆类套作；部分冬莴笋与甘蓝、白菜类间作；夏、秋莴笋多种于瓜棚下或与豇豆隔畦间作。

各季莴笋在不同季节，不同环境里生长，各有其不同的问题，栽培的关键也有所不同，现将冬莴笋、春莴笋及秋莴笋的栽培技术分述如下：

第二节　冬莴笋的栽培技术

一般在8月中旬—10月上旬播种，9月中旬—11月中旬移栽，11月中旬—翌年2月采收，若以成都的气候条件为例；生长期间月平均温度从25℃左右逐渐降到10℃左右，基本上是莴笋的生长适温，且雨日较多，环境湿润，应采取适当措施以获得高产。

一、品种选择

冬莴笋应选生长迅速、茎部肥大的品种，如重庆红莴笋、白甲莴笋、二白皮、二青皮、青麻叶、挂丝红、水白条莴笋等。

二、培育壮苗

适当稀播，每亩苗床用种量不超过0.5~0.75kg，以免幼苗拥护，使节间变长而组织柔弱，这种劣苗易抽薹，产量低。莴笋适宜的苗龄为30~40天，本叶有4~5片时栽培为宜。

三、定植

最好选阴天或雨后土壤湿润时栽苗以减少幼苗根系的损伤，若苗床土干燥，必须在栽的前一天充分灌水，采用撬苗的办法，保护根群，避免伤根。栽后及时淋定根水，使土壤与根紧密结合，成活快。

冬莴笋栽培季节适宜，植株长得较肥大，一般株行距宜在27cm左右。二白皮、水白条等早熟品种、植株较小，距离可稍小，而白甲、万年桩等晚熟品种，植株较大，则应在27cm以上。也可采用地膜覆盖栽培。（图14－1）

图14－1　莴笋地膜栽培

四、施肥灌溉

莴笋喜湿润，根系浅，主要根群集中分布在表层23 cm左右的土里，吸收能力弱，叶片又多而宽大，蒸腾较旺，故不耐干旱，对水肥要求严格。因此应选肥沃，富含有机质、保水保肥力强的土壤栽培。同时还应注意排水，降低田间湿度，以减少霜霉病和软腐病的发生。

莴笋对肥料要求严格，同时对肥料浓度也很敏感，若肥料过于浓厚，一经“伤粪”，则不再生长，严重时甚至腐烂，因此莴笋施肥的原则应掌握勤施薄施。肥料主要应在茎膨大前施下，一般施肥3次，第一次在栽植后两周，幼苗已成活，恢复迅速生长时施用；第二次在莲座叶时施用；第三次在茎开始膨大时施用。以后一般不再施肥。在茎部迅速膨大时，不宜过多施肥以免开裂。

五、用生长刺激素处理促进生长，提高产量

一般在冬莴笋采收前7~10天用20×10^6赤霉素喷射，可以加速生长，提高产量，但在水肥不足的情况下嫩茎细瘦，故施用时应结合追肥。

六、采收

莴笋的采收标准是心叶与外叶平，或现蕾以前为采收适期，过早采收影响产量，过迟茎部养分消耗、抽茎开花，容易空心，茎皮增厚，影响品质。冬莴笋产量一般为每亩产3000~3500kg。

第三节　春莴笋的栽培技术

春莴笋一般在11—1月播种，次年3月上旬至5月下旬采收，这季莴笋在冬季和早春生长，由于温度低，生长缓慢，要“莴半年”。因生长期长，也能获得高产。如达州市市郊的王家山，利用山区冷凉气候栽培的春莴笋，每亩产量达到5000多kg。上市时间正是坝区春莴笋上市的尾期，补充了市区的蔬菜供应，经济及社会效益良好。

春莴笋的主要栽培技术为：

一、选用良种　防止未熟抽薹

这季莴笋因采收期在3~5月。当春后温暖长日照来临后，

易抽薹而不能长成肥大嫩茎，严重影响产量和品质，因此春莴笋应选晚熟不易抽薹的品种，如挂丝红、双尖青麻叶、青麻叶、紧叶子、二青皮、尖叶子、万年桩等。

二、播种育苗

坝区春莴笋的播种期为 11 月上旬至 1 月，而山区气候冷凉，在当年 9 月至次年 5 月均为春莴笋的适宜生长时期，一般 9 月初播种育苗，10 月初定植，使其有较长的生长期。苗床适当稀播，苗龄约 30 天，有 4 ~ 5 片本叶时带土定植。

三、加强肥水管理

待幼苗定植成活后，施稀薄的腐熟人畜粪尿一次，冬季温度低、幼苗生长慢，应加强管理。苗期可用腐熟人粪尿或配合化肥催苗，促其迅速生长。开春后气温回升，植株生长加快，茎秆开始膨大，此时用约 20% 的腐熟人粪尿作追肥，每周浇一次，促进叶簇生长，茎秆迅速膨大，以减缓抽薹。

四、采收

当莴笋的心叶长到与外叶齐平时，及时采收。（见图 14 − 2、图 14 − 3）

图 14 − 2　彭州三界镇的莴笋基地

图 14－3　莴苣的水培

第四节　秋莴笋的栽培技术

秋莴笋的播种育苗期正处在 7、8 月高温季节，种子发芽困难；昼夜温差小，夜温高，呼吸作用强、苗子易徒长；同时播种后的高温和长日照使莴笋迅速分化花芽与抽薹，所以能否育出壮苗及防止未熟抽薹，是秋莴笋栽培成败的关键。

一、选种

选择耐热，对高温长日照反应较迟钝的早、中熟品种，如成都二白皮密节巴、二青皮、紧叶子、青麻叶、水白条、新都二白叶等。

二、育苗

秋莴笋的育苗应视前作收获时间而定，苗龄为 20～25 天，播种前将种子进行催芽处理。用温热水（约 35℃）将种子浸泡 5～6 小时，滤干，在竹筲箕内铺上一层湿沙（沙的湿度，攥成团丢地即散），湿沙上面铺一层湿布，把种子铺在湿布上面，再在种子上面铺一层湿布，湿布上面铺层湿沙，置 15℃

进行催芽，经36小时左右，芽已生出1~2cm长时，用细沙混匀即可播种。栽莴笋每亩需种量50g。苗床面积宜大不宜小，一般50g种可播47~67m^2地，苗床地预先要用腐熟过的猪粪水浆土，整细耙平，把催过芽的种子均匀地播上，再盖一层很薄的细土，当幼苗出现2~3片真叶时，及时匀苗，株行距约3.3cm左右，苗期追肥提苗2~3次。达到苗壮、无病、无虫移栽。栽秋莴笋因气温高，生长期短，不能栽老苗，以底肥为主，早施速效肥，栽够密度，防好病虫，才能取得高产。

三、定植及田间管理

移栽前每亩本田穴施底肥过磷酸钙25~35kg，加三元复合肥30~40kg，再施腐熟的猪粪水1000~1500kg，然后盖上一层细土栽植。栽时不露根，不壅心，栽后浇定根水。若遇烈日暴晒，可用绿叶遮阴保苗，并要及时查苗补苗，栽后3~5天缓苗后，用0.3%尿素追肥提苗。其后，每隔10~15天追肥1次，每次每亩用尿素4~5kg左右。另一种施肥方法是：用40~50kg过磷酸钙作底肥，莴笋开盘时每亩用复合肥40~50kg，撬窝施下，再淋粪水1000~1500kg，施后盖土，其他与上同。

四、利用植物生长调节剂抑制未熟抽薹，在莴笋茎部开始肥大时，用0.05%~0.1%MH或0.6%~1%CCC（矮壮素）喷叶面2~3次，可有效地抑制抽薹，增加茎重。

除上述冬、春、秋三茬外，为了周年供应，还可栽培夏莴笋。品种可选用成都二白皮、草白圆叶、二青皮等适宜春播的品种，3~5月播种，4月~6月中旬定植，6—8月收获，每亩产量可达1000~1500kg。

第十五章 蕹 菜

第一节 概述

为增加春淡期间蔬菜的花色品种，可用塑料大棚栽培早熟蕹菜，使上市期提前，增加效益。

蕹菜是旋花科的蔓生植物，依其结实与否分为子蕹和藤蕹两种类型。子蕹又叫旱蕹、干蕹，以种子繁殖，茎蔓较细，节间短，较耐干旱，宜旱地栽培，作间套作中的“铺地菜”，以幼苗供食，可在4—5月淡季供应。藤蕹又叫大蕹菜，水蕹菜，以茎蔓扦插繁殖，易分枝，叶片较小，质地柔嫩，喜湿润，主要栽培于水田，也可栽在低湿旱地，供应期长，是6—9月的主要叶菜。

蕹菜原产热带多雨地区，性喜高温潮湿，能耐高温。生长适温25℃左右，10℃以下生长停滞，不耐寒冷，遇霜冻茎叶枯死，故适宜在塑料大中棚中栽培。一般早熟栽培多用藤蕹。

第二节　大棚蕹菜高效益栽培技术

蕹菜是一种重要的夏季蔬菜，是渡秋淡的主要品种，过去，蕹菜主要是露地栽培，每亩产量4000kg左右，上市时间迟，种植的经济效益不高。20世纪90年代中期以来，在科技人员的指导下，成都市龙泉驿区西河镇、双流县永安镇采用塑料大棚栽培蕹菜获得成功，其中永安镇白果村、双坝村栽培面积600多亩，亩产量达8000kg以上，比露地常规栽培产量高一倍，上市时间提早2个多月，经济效益达每亩2万~3万元，成为当地农户脱贫致富的途径之一。其主要技术措施如下：

一、品种选择

选用成都地方良种蕹菜，该品种植株匍匐生长，生长势、分枝性均强。茎蔓浅绿色，节间长约2cm，叶片深绿色，叶背浅绿色，长心脏性，长约6.0cm，宽约3.0cm，叶面光滑。叶柄长约4.0cm，浅绿色。一般不开花。质地柔嫩，生长期长，产量高。

二、田块选择整理

选择土壤肥沃，排灌水良好的壤土进行翻耕炕土。

三、建棚

在1月搭建简易竹架拱棚或钢架大棚。大棚走向以东西向为佳。

钢架棚高2.5m，宽8m，长约30m。

选用无滴农膜覆盖，防滴水烂苗，且棚温较高。

四、整地施肥

一般亩用腐熟有机肥3000～4000kg、含N 15%、P_2O_5 15%、K_2O 15%三元复合肥50kg、过磷酸钙50～75kg、硫酸钾15～20kg；将地整平整细，每棚开两厢，中间留40cm宽的管理通道。

五、定植时间

于2月下旬选择晴朗天气在棚内两边横向掏浅沟栽种藤，行距30cm，无株距密栽，亩用种藤300～400kg，栽后浇足水分，盖上薄膜（平铺或小拱棚均可）。

六、田间管理

蕹菜性喜潮湿温暖，耐湿耐肥，不耐旱和寒冷。在大棚覆盖下，提高了温度和湿度，非常有利于蕹菜的生长，蕹菜的新梢萌发和生长加快，需要增施肥水，以满足蕹菜迅速生长的需要。种藤出芽返青后追施第一次清淡肥水，亩用速效性氮肥5～10kg，以后每采收一批追施一次肥水。

七、采收

过去露地栽培的水蕹菜，采收期在6月至10月下旬，是一宗大路菜，售价不高。而用大棚覆盖栽培水蕹菜，可将采收期提早到4月，比过去早两个多月，此时的蕹菜是时鲜蔬菜，售价高，并且蕹菜生长快，当幼苗长到15～20cm可间伐出售种苗（隔15～20cm留一株）。

商品蕹菜采用分批采收，一般在藤蔓长到30～40cm采收，一般采收期为4—7月。大棚栽培蕹菜采收勤，故用工较多。（图15－1）

图 15－1　蕹菜的大棚栽培

第三节　藤蕹的育苗技术

藤蕹的育苗技术较复杂，过去凭传统经验进行，种苗繁殖是否成功有着很大的机遇性，近年来，我省的蔬菜科技人员经多年调查研究，总结出了较完善的藤蕹育苗技术，现择要介绍如下：

一、种藤的培养及贮藏

（一）选种藤

藤蕹是以种藤进行无性繁殖的，留种用的种藤在生产田直接选择，其标准是生长旺盛，茎粗壮，节短而无病虫害的植株。

（二）移栽

6 月中旬将选中的种藤拔起来，剪成 18cm 左右段节，按 30cm 见方的行株距移栽到土质疏松的旱地里，每窝栽 2 根，栽后及时浇清淡定根肥水，待生根成活后控制浇水施肥，也不采摘嫩梢，使其生长壮实才耐贮藏。

（三）贮藏

10 月下旬，选晴天将生长正常而无病虫的种藤全部扯起晾干露水，每 100 根左右捆成一把，并进窖贮藏，翌年早春即可利用。

二、催芽

催芽前进行种藤选择，优良种藤的标准是：色泽正常，节间芽苞完整，无病虫。由于三月上旬成渝两地常年气温在 10 ~15℃，不能很好地满足种藤快速出芽的需要，塑料拱棚等增温措施也不能达到要求，因此必须采用人工加温的方法才能达到目的，农村常用的地面茶盘式炕床催芽和水稻温室育秧的方法均适用于藤蕹的催芽处理。具体做法是：种藤进床后，便烧火升温，开始温度要求 40℃保持 3 小时（可使芽子迅速萌发，并能杀死部分病菌和虫卵）；然后降到 38℃保持 2 天左右（此期间幼芽基本长齐）；再将温度降至 25℃保持 7 天左右，待嫩梢长到 14 ~16cm 时移植到准备好的秧苗田内，移栽到秧苗田时要选气候温和的晴天一次栽完。

三、秧苗田的准备及秧苗栽植

选择向阳、肥沃、泥脚浅，排水良好的沙壤土水田，以前作为旱作的干田为好。年前施足底肥，3 月上旬耕田，并每亩施人畜粪 5000kg，一星期后耙田，做平厢，厢宽 1.5m，沟宽 30cm，沟深 20 ~25cm，水以满沟为止。

苗田准备好后，在 3 月中旬，选择晴天将炕床内种苗带种藤一并起出栽于秧苗田。以种藤刚没入泥中（大约入泥 1cm 左右）为止，种藤间距 15cm，成行栽植。最后用竹条做拱，以 2m 宽的薄膜覆盖，四周用田泥压严。照此做成的小拱棚宽

1.2～1.3m，长度随田宽而定，一般不超过20m。棚高50cm左右。封棚5～7天即可发新根。

近年来，逐渐采用在秧苗田搭中棚的办法。由于中棚空间大，对温度和施肥后产生的有害气体的缓冲能力较强，寒潮、高温和肥害对中棚里幼苗的伤害均比小棚里小，因此幼苗能在中棚里更好地生长，育成的种苗比小棚苗健壮，而且可以比小拱棚提前5～7天出售种苗，管理也较方便。中棚以占地60～70m^{2}较好，一般规格是：中高1.3～1.5m，边高0.8～1.0m，宽6～7m，长10m左右。

四、秧苗管理

栽后7天之内，如棚内温度不超过30℃，一般不敞棚；如棚内温度高于30℃，要及时敞开两端薄膜通风，以防烧苗。7天后开始敞棚降温，开始在晴天中午揭两端，以后随着幼苗逐渐健壮，气温逐渐变暖，在晴天上午11：00至下午16：00敞棚2～4小时，在起苗之前尽量敞棚炼苗。

秧苗栽后半月可用30%人畜粪催苗；一个月后可施少量尿素，但施肥后一定要敞两天棚，以散发氨气，避免对幼苗造成伤害。苗田灌水一直以满沟为止，不宜漫过厢面。

当幼苗长到15～20cm时，开始压藤，以让新枝长出须根，抽生第二级侧枝，形成更多的种苗。按上述规格栽植种苗的，每隔15cm株距压藤一株，其余幼苗及时采摘作种苗出售，当压藤长到30～40cm时摘顶，以利第二级侧枝生长，最后以采摘第二级侧枝作为种苗。采摘种苗时，基部应留2～3个芽苞，保证下一级侧枝发生。这样，未经压蔓的种苗可在4月上旬定植大田，压蔓后的种苗可在4月中下旬定植大田。

第十六章 莲 藕

第一节 概述

莲藕，别名：藕、荷、水芙蓉。属睡莲科，是多年生宿根水生草本植物，原产印度和中国。我国栽培约有 3000 年历史，在印度、日本、前苏联、缅甸、伊朗、印度尼西亚等国也作蔬菜栽培。我国南北方各地都有种植，以长江以南栽培较多，长江三角洲、珠江三角洲、洞庭湖、太湖等地为主要产区。除水田外，还广泛利用低洼田、池塘和湖荡种植。

莲藕按其用途大致可分为花莲、子莲和藕莲三大类，以观赏花为目的品种称为花莲，以采收莲籽为主的品种称为子莲，以采收地下茎为主的品种则称为藕莲。藕莲在生产上占有重要的地位。

莲藕的营养价值很高，据测定，每 100g 鲜藕含蛋白质 1g、碳水化合物 19. 80g、钙 19mg、磷 51mg、铁 0. 5mg、抗坏血酸 25mg。莲藕生食或熟食皆宜，加上可制成藕粉，切片可做蜜饯。早藕能在蔬菜伏缺时供应，老藕从 9 月上旬开始供应到第二年清明，为解决秋冬蔬菜供应和调剂节日蔬菜品种的种类之一。莲子为滋补品，可煮食或制成糖莲心。荷叶可作包装材料。藕节、莲蓬和荷叶等均可入药。

一、对环境条件的要求

（一）温度

藕莲原产亚洲热带地区，喜温暖环境。一般要求温度达15℃以上才可萌芽生长，生长旺盛阶段要求温度达20℃～30℃，结藕适宜温度为20℃～25℃，结藕后期要求日夜温差较大，日温为25℃左右，夜温为15℃左右，以利于养分的积累和藕身的充实。休眠期要求温度也保持在5℃以上。

（二）水分

莲藕为水生植物，生长期中不可缺水。萌芽生长阶段要求浅水，水位以5～10cm为宜，旺盛生长时水位宜逐步加深到30～50cm，最深不宜超过1m。结藕期要浅水，莲藕休眠越冬时只需土壤充分润湿或保持浅水即可。莲藕虽是水生植物，但忌水深没顶，叶淹水中，数日即坏，故水宜浅。同时需要静水，如水面时涨时落，对藕的生长不利。

（三）光照

莲藕生长和发育要求有充足的阳光，日照不足则生长不良，不利于养分的积累，不利于结藕，故栽培时宜选开阔、日照良好的田块。莲藕对日照长短的要求不严，一般长日照比较有利于营养生长，短日照比较有利于结藕。

（四）土壤营养

莲藕根系不发达，又缺少根毛，所以对土壤要求较严格，以富含有机质的壤土或黏质壤土为宜。土壤酸碱度以微酸性和中性土壤为最适。莲藕生长期长，对养分要求高，尤其是基肥要足，营养生长期还要分次追肥，子莲要求氮、磷供应量较多，藕莲则要求氮、钾供应量较多。

二、分类及品种

（一）莲藕

食用莲群，花白色和粉红色，地下茎较肥大。根据食用情况不同，分化为藕莲和子莲两种类型。藕莲以收获肥大的地下茎为目的，叶脉突起，抽花或不抽花，不结种子或结种子甚少，藕肥大；子莲一般较耐深水，成熟较晚，叶脉不隆起，花常单瓣，有红花及白花二种，结实多，莲子大，以食用莲子为主，但藕细小而硬。

（二）花莲

花用莲群，莲花极美，供观赏及药用，甚少结实，藕细质劣。

藕莲的主要品种　我国藕莲的优良品种很多，依淀粉含量多少可分粉质和黏质两种：依据适应水位高低可分浅水藕与深水藕。

1. 浅水藕

藕及叶均较矮小，多属早熟品种，适于洼田、浅塘或稻田栽培，水位在30cm左右，最深不超过1m。

白花藕　成都市地方品种，花白色，藕节细长，节稀，表皮米黄色，节间长10～15cm，横径5.0～7.5cm，肉白色，顶芽粗短。整藕重约2.0kg。质地脆嫩，味甜多汁。生食、熟食均宜。早熟，每亩产1000～1500kg。

反背肘　重庆农家品种。花白色，叶较大，藕较粗，主藕长约1.63m，横径5.0～7.0cm，表皮黄白色，藕节较长，最长可达38cm左右，节上有黑色鳞片，整藕重1.5～2.0kg。适应性强，品质好，生食、熟食均宜。早中熟，每亩产1500～

2000kg。

其他优良品种有：苏州花藕 、苏州慢荷、六月报、宝应大紫红、科选1号、鄂莲1号、鄂莲3号等。

2. 深水藕

适于池塘或湖荡栽培，水位宜30～100cm，夏季深水达150cm也可栽种。茎叶高大，藕节细长，多为中、晚熟品种。藕入土深，宜在土层较厚、深水的池塘和湖荡栽培。

主要优良品种有：草鞋板、湖南泡子、小暗红 、鄂莲4号、鄂莲5号 等。

第二节 莲藕的栽培技术

一、栽培季节及栽培制度

莲藕要求温暖湿润的环境，主要在炎热多雨的季节生长。长江流域一般在4月上旬到5月上旬栽藕，大暑、立秋间开始采收嫩藕，一直可收到第二年清明。

藕的栽培制度大致可分田藕与塘藕二种。田藕即利用稻田及地势较低洼的沤田栽植；塘藕则为浅水湖荡栽植。田藕栽培制度中主要有藕、稻轮茬（长江流域），两藕一禾（稻）（华南地区）和藕与水生蔬菜轮茬几种形式。塘藕的栽培制度中主要有藕与蒲草轮茬、藕鱼兼作、莲菱间作几种形式。

二、藕田选择及整地

莲藕怕风，宜选择避风的田块栽培。新开藕田常在头年水稻收获后开始耕耙，将稻桩翻入泥土中，在栽植前半月将基肥施下，及时耙平，在栽藕前一日再耙，使耕作层土壤松软肥沃，以利藕的生长。重庆地区留“座堂藕”者，由于不能耕耙，可在出苗前后施下青草或厩肥等，以提高土温及肥力，同时应作好平整田块的工作，以利新苗的生长。莲藕植株庞大，要土地肥沃，多施有机肥料，可减少藕身附着的红褐色锈斑，一般每亩施人粪尿 1500～2500kg，或绿肥、厩肥 5000kg 左右。湖荡应选择湖泊、河湾水流缓慢、涨落和缓、淤泥层较厚的水面，最高水位不能超过 100～130cm。

三、种藕选择

莲藕繁殖分有性繁殖与无性繁殖两种方法。有性繁殖是用莲子播种育苗，再定植到本田的方法。但莲藕为异花授粉，后代常长出多种类型，商品价值较低，除育种外，一般不大采用，而用无性繁殖的方法。

无性繁殖是用根茎的先端 2～3 节部分直接种植在本田的方法。可分就地留种与移栽留种，就地留种是在原来栽藕的田内按一定距离不挖或因头年座藕很少，完全不挖，以供来年出芽繁殖生长，可减少移栽费工，而早熟早收，重庆称为“座堂藕”；移栽留种是以选好的种藕进行移植，其产量较高，生长势也强。

种藕一般于临栽前挖起，挖掘种藕时，注意不要损伤顶芽，选择具有本品种特性，后把节较粗的整藕或较大的子藕作种藕，种藕肥大，生长发育旺盛，当年就能丰产。如用子藕作种，则子藕必须粗壮，至少有两节以上充分成熟的藕身，顶芽完整，在第二节节把后 2cm 处切断，切忌用手掰，以防泥水灌入藕孔而引起腐烂。

四、栽藕

在断霜后，当地日平均气温稳定上升到 15℃时栽植，栽植密度和用种量，因环境条件、品种及供应时期而不同。栽植的密度，一般早熟品种比晚熟品种密，田藕比塘藕密，早收比迟收要密。栽藕距离各地差异很大，一般是行距 160 ~ 250cm，株距 100 ~ 200cm，每亩 120 ~ 400 穴，每穴排放母藕 1 ~ 2 支，如用子藕则每穴排 2 ~ 4 支。每亩需种 150 ~ 250kg。

湖荡深水藕如要求当年就有收获，需用种藕 600 ~ 700 支，约合整藕 500kg，或子藕 250 ~ 300kg。如不要当年收藕，只需种藕 500 支，栽时一般每穴三支，一大二小相搭配。

栽植方法有两种：一种是平植法，栽植前排去田水，将种藕平放于泥土的表面上，然后按入泥中，此法适用于温暖地区，四川省及重庆市多采用，这种方法在于根茎能沿泥土表面生长并形成藕，将来挖藕方便。一种是斜植法，先于田面开浅穴，深约 13cm ~ 23cm，然后将藕的尖端向下，斜插入泥，后端略与泥面相平。此法在于藕能深入泥中而有利于防寒，适用于较寒冷的地区，惟挖藕费工。

株行距确定后，各行上的栽植点要交错排列，栽种时藕头要左右相对，分别指向对面行的株间。藕田四周一行的种藕顶芽一律朝田内，以免根茎穿破田坎，使挖掘困难。

五、田间管理

（一）中耕除草

田藕要注意清除水生杂草，栽植半月后，可开始中耕除草，至立叶盖满田面时停止。一般在荷叶 2 ~ 3 片时开始，至 5 ~ 6 片叶时停止中耕，因在 6 ~ 8 片立叶以后，大都开始座藕，故不宜再行中耕。一般应进行 2 ~ 3 次中耕除草。中耕时，先将田水排去，用脚或其他工具搅拌株行间稀泥，使其松软，并将除掉的杂草深埋土下，促其腐烂，作为肥料。操作时要轻慢，以免踏断莲鞭。每次除草后，仍要灌水，保持原来深度。

（二）追肥

莲藕喜肥，肥料一般以基肥为主，基肥约占全期施肥量的

70%，追肥约与全期施肥量的30%，一般追肥2~3次。第一次在长出立叶1~2片时，每亩施人粪尿750~1000kg；第二次追肥可在植株封行前，每亩施人粪尿1000~1500kg；第三次追肥在终止叶出现时进行，这时结藕开始，称为催藕肥，每亩施人粪尿1500~2000kg。施肥应选晴朗无风的天气，不可在烈日的中午进行，每次施肥前应放浅田水，让肥料吸入土中，然后再灌至原来的深度。

（三）水位调节

藕栽植后十余天内至萌芽阶段宜保持浅水，则田温升高，可提早出苗，但不可干水，以免因温度变化而影响出苗，以后随植株的生长发育而逐渐增加水的深度。至立叶出齐，已现花蕾时，水深可增加到13~17cm，立夏以后应加深到33cm。到座藕时期，一般在采收前一个月应放浅水位，促进结藕，9月上旬以后，莲藕虽不怕缺水，但仍以保持浅水越冬为宜。

湖荡春季水位较浅，夏季有大风暴雨，要防止湖水猛涨，淹没立叶，造成减产，如淹没时间过长，就会使植株死亡，应及时将水排去。吹大风时，可灌深水稳住风浪，保持荷叶，但水位不应超过叶片，大风过去即排水，保持原来水位。

（四）植株调整

主要是转藕梢、摘浮叶、扭曲花柄的工作，在6月下旬至8月初为莲藕植株旺盛生长期，莲鞭生长迅速，当卷叶离田边1m时，为防止藕梢穿越田埂，每隔3~5天将近田埂的藕梢向田内拨转。共需拨5~6次，藕梢很嫩，转头时应将后把节一起托起，转梢后再将泥土盖好。转藕梢应在中午茎叶柔软时进时，以免折断。

栽培后一月左右，见立叶满田面时，即可将浮叶摘去。此时因浮叶本身的同化作用小于异化作用，反而消耗养分，至于以收藕为目的者，凡见花蕾出现，可及时将花柄扭曲，以减少养分的消耗。

六、采收与留种

藕莲采收分收嫩藕和老藕两种，嫩藕供生食，老藕淀粉含量高，适于熟食和加工藕粉用。嫩藕早熟的 7 月间就可采收，晚熟种 8 月上旬采收。10 月底藕充分成熟，即可开始采收老藕，一直可采收到次年清明前。

收嫩藕时可依终止叶所示方位进行挖取。挖藕时可视其情况确定放干或不放干田水，如不放干田水者，一则藕继续生长，再则土软易于工作。如为粮菜间作地区，可放干田水让其土壤龟裂后，将藕普遍挖起，充分炕土。以便播种小春作物。因藕忌连作，即是纯蔬菜地区也以放干田水，普遍挖起，以提高复种指数。至于老藕，四川省及重庆市一般均在 9 月开始采收，长江中下游在 10 月底开始采收，挖藕前 10 天左右可将荷叶全部割下作为副产物，另一方面因通气组织中断而大大加强了藕各部器官的还原作用，使藕洁白。

湖荡及深水塘挖藕，先将田埂 1.7m 范围内的藕全部挖出，以免来年窜入田坎及邻田。田中间每隔 2m 留 0.33m 不挖，或将主藕前二节采去，留最后一个子藕作为下一年的藕种。

藕的产量，因藕田肥瘠、藕的成熟度及自然环境条件等而有差别。田藕早熟种在较好的栽培条件下，一般每亩产 750 ~ 1000kg，如采收老熟藕，每亩产量可产 900 ~ 1200kg，中、晚熟品种都采收老熟藕，在较好的栽培条件下，每亩产量可达 1500 ~ 2000kg，最高产量可达 3000kg。湖荡及深水塘藕的产量一般低于田藕，约为同一地区田藕产量的 70% ~ 80%。

种藕必须留田越冬，到春季临栽植前随采、随选、随栽，留种藕田应选黏土藕塘。每亩留种田约可供 4～5 亩生产田的用种。挖藕种时可根据水面冒出的钱荷来找藕。种藕除选择具有本品种特征的整藕外，还应注意子藕整齐，朝一个方向生长、后把节及莲鞭粗壮的，如后把节变小表示种性已变劣，必须淘汰。（图 16－1）

图 16－1　莲藕的生产

第三节　莲藕早熟覆盖栽培

小拱棚覆盖栽培莲藕在日本已从 60 年代开始应用，目前栽培面积已占莲藕总面积的 50%，也有少数用塑料温室栽莲藕，温室占地面积一般在 $1000m^2$ 左右。我国一些省市使用小拱棚栽培莲藕从 80 年代后期开始，目前在浙江、江苏、湖北等省都有应用，但栽培面积不大。莲藕早熟覆盖栽培虽然总产量不一定增加，但采收上市期可提早 10 天以上，前期产量可以比普通栽培提高 15% 以上，藕的商品性状好，单价常比后期高出 1 倍，每亩产值大大提高。如湖北省荆门市 1993 年进行的早熟莲藕拱棚栽培试验，面积 $662m^2$，产量 2500kg/

$667m^2$，6月20日上市，比露地该品种提早15天，比本地大把藕提早40天，创销售收入11200元，经济效益十分可观。故适度发展莲藕拱棚早熟栽培可以增添夏季鲜菜的花色品种，改善市场蔬菜供应，具有很好的社会、经济效益。

莲藕的早熟覆盖品种要选用早熟种，如苏州花藕、武汉的六月报、鄂莲一号、鄂莲三号等。要提早整地，田块的形状最好呈长方形，面积在1~2亩之间，便于规划拱棚及田间耕种。春节前后，选择晴天，施足有机肥，每亩约5000kg，深耕细耙后，保持一层浅水。

3月上旬用毛竹竿搭建成高1.5m，宽3.0m，长20~30m的小拱棚。规格过大，虽然效果好，但成本较高，拱太小，荷叶生长受挤，且易受日照灼伤。毛竹选用坚韧的新鲜毛竹，直径1.0~1.5cm，长度3~4m，每两根竹竿相距3m插入泥土中，对弯成拱，用布条扎紧，拱高1.5m左右，拱间距为40cm，顶部及两腰设置拉杆。选用厚度为0.6mm、宽幅为5m的农膜覆盖，裙脚压紧泥土即可。薄膜要在栽种前3天覆盖，以提高地温。

栽种期长江流域以3月15日左右为宜，过早会遭遇寒害，过迟达不到早熟目的。选晴天将种藕栽在棚内，每棚放两排，尾梢靠棚脚，藕头朝中，相互错开，藕头入泥，尾梢上翘出水面，每排藕种密度为1支/40cm，每亩用种量300~400kg。为了预防早春低温，可在泥面上平铺一层厚1~12cm的稻壳或草木灰。还可在每个棚内套两个地膜小拱棚，效果更好。

小拱棚覆盖期一般为30~40天，在出苗前不通风，使土温上升快，田藕发芽早。随外界气温上升，两端薄膜在晴天要掀起通风换气，通风时间随外界气温升高而延长。4月中旬后，藕芽长出4~6片立叶，植株达50cm以上，可早揭晚盖。

至5月上旬后，外界气温已达25℃，可撤去拱棚膜，撤膜前要特别注意经常通风换气，因这时棚中荷叶较密，通气较困难，高温时，甚至要从中揭开一段，加强通风，撤棚后的管理措施同露地栽培，6月下旬当莲藕长满三节就可以采收，单支重可达1～1.5kg。

第十七章　茭　白

第一节　概述

茭白，别名茭瓜、茭笋或菇首，为禾本科多年生宿根性沼泽草本植物。茭白原产我国，有3000余年历史，是我国的特产蔬菜，国外仅在东南亚有零星栽培。欧美、日本均未见有栽培的记载。茭白在我国各地分布很广，江苏无锡、苏州、浙江杭州、江西、湖南长沙、四川、重庆、两广、云贵等省（区）的水田湖沼地区均有栽培。品种资源及栽培经验以太湖区域最为丰富，无锡的茭白远近驰名。

茭白每100g可食部分中，含蛋白质1.4g、脂肪0.3g、碳水化合物3.5g、粗纤维1.1g、无机盐及维生素等。茭白在未老熟前，有机氮是以氨基酸状态存在，故味鲜美，是营养价值较高的蔬菜。茭白的采收期在5—6月及10月前后，对调剂蔬菜淡季供应，起一定作用。又可通过冷藏和运输，进行季节和地区间调剂供应。

一、对环境条件的要求

茭白是一种喜温作物，要求土壤肥沃，有一定水位，光照充分。

（一）温度

茭白在休眠期内能耐至 -5℃的低温，于5℃以上开始萌芽生长，适宜温度为10℃～20℃，分蘖期适宜温度为20℃～30℃，孕茭适宜温度为15℃～25℃，15℃以下分蘖停止，地上部生长也逐渐停滞，5℃以下时地上部枯死，进入休眠阶段。

（二）水分

茭白是水生作物，整个生长期中不能断水，水位要根据茭白不同的生育阶段进行调节。在茭白生长前期，以保持3～4cm的浅水为宜，以利于土温的提高，促进生长和分蘖的发生。随着植株的生长，水位可逐步增加到15～20cm，以促进有效分蘖和分株的生长，抑制无效分蘖的发生，孕茭期为了保持茭白肥嫩的品质，水位可以加深到20cm，但不宜超过“茭白眼”。

（三）光照

茭白要求阳光充足，空气流通，因茭白植株高大，田间容易郁蔽，所以茭白要进行合理的密植，生长后期要勤除黄叶、老叶。一熟茭对光照敏感，只能在短日照下孕茭，而两熟茭对日照不敏感，只要温度适宜，在短日照和长日照下都能孕茭。

（四）土壤营养

茭白以耕作层深，富含有机质的黏土和黏质壤土最为适宜。土壤酸碱度要求微酸性到中性，不宜碱性。茭白植株高大，生长期长，需肥量大，要多施基肥，分次追肥，对肥料要求以氮、钾为主，磷肥适量配合。

二、主要品种

茭白依生长期分一熟茭和两熟茭。

（一）一熟茭类（又称单季茭）

在春季栽植，当年秋天即可收获，以后每年自白露到寒露采收一次，采收时正值农历八月，故又名“八月茭”。其采收期集中，一般栽插一次后，再换田重栽。连栽数年的产量不如当年栽植的产量高，一熟茭的适应地区较广。一熟茭的部分优良品种介绍如下。

（1）成都鹅蛋笋。成都市地方品种，现成都、内江、自贡、乐山等地均有栽培，株高约3.0m，肉质茎粗短，圆锥形，长约20cm，横径约5.0cm，节较密，表面乳白色，质地细嫩，纤维少，品质好。中熟，抗病性，耐热性均较强，每亩产1000kg左右。

（2）成都草白笋。成都市地方品种，现分布于成都、乐山、西昌、攀枝花等地。株高约2.0m，肉质茎扁圆锥形，细长，节稀，长约24cm，横径约4.0cm，表面绿白色。茭笋肉质细嫩、水分少、品质好。早中熟，耐肥，抗病性强，每亩产700~800kg。

其他优良茭白品种有：罗汉茭白、一点红 、象牙茭、寒头茭、青麻壳、广州硬尾茭、广州软尾茭。

（二）两熟茭

又称“双季茭”，一般在春季或夏秋栽植，种植后可连收二季，称两熟。第一熟在当年秋分至霜降采收，称为秋茭。这熟产量较低，称为“小熟”。第二熟在第二年小满到夏至采收，称为夏茭。这一熟产量较高，又称“大熟”。两熟茭对水肥条件要求高，适应范围较窄，一般只能在气候温暖而又不太炎热，同时空气比较湿润的江南一带栽培。

其主要优良品种有：鱼尾茭白、苏州小蜡台、大蜡台、广益茭、浙茭5号等。

第二节　茭白的栽培技术

一、栽培季节与栽培制度。

茭白喜温暖湿润气候，遇霜后茭叶即枯死，生长季节多雨，则植株生长旺盛。南方湖泊较多，灌溉方便，雨量充沛，栽培夏秋二季茭较多。北方无霜期短，以单季茭为主。江浙一带单季茭都在 4 月间栽植。夏秋二季茭，可分春栽及秋栽两种，春栽在 4 月下旬，秋栽在 8 月上旬。晚熟品种多行春栽。而在湖北，单季茭和双季茭一般都在 4 月上中旬定植。

茭白品种很多，两熟茭以供应夏茭为主，秋茭为次。一熟茭的供应期在早秋，比两熟的秋茭采收期早。因此选用一熟茭和两熟茭类的不同品种栽培，才能延长茭白的供应期。夏茭供应期为 5 月上旬至 6 月下旬，秋茭供应期为 9 月下旬至 11 月上旬。在 8 月下旬至 9 月下旬则有一熟茭补缺。

不论单季茭或双季茭的需肥量都很大，种植茭白的田块，应选择土壤肥沃，排灌方便的地方。茭白容易发生病虫害，要严格选种，不宜连作。一般在沤田地区，茭白与藕、慈菇、荸荠、芡等轮作。地势较高的水田，则与水稻轮作。也可与其他旱生蔬菜轮作。

二、整地与施基肥

如利用水稻田栽培，前茬水稻收获后，便放干田水，冬季深耕 15 ~ 18cm，每亩施厩肥或人粪尿 3000 ~ 3500kg 作为基肥，施肥后耕翻、耙碎，田间保持 2 ~ 3cm 浅水，以备栽植。

三、栽植

（一）春栽

一熟茭及两熟茭的晚熟品种，一般于4月上旬至5月上旬，分蘖苗高45cm，具有三、四片叶时，连泥将老茭墩挖起，用刀将老墩切成几个小墩，每小墩要求带有老茎及匍匐茎，并有健全分蘖苗3～5个。随挖、随分、随栽。定植的株行距为50～100cm，每亩1200～1300穴。

（二）秋栽

苏州两熟茭早熟品种4月在藕田周围或秧田育苗，8月上旬栽插，此时苗高已有150cm以上，并有较多的分蘖，栽前先打去基部老黄叶，再将大茭墩分开，使每小墩带苗1～2个，选无风的阴天栽植。栽植深度以秧苗白色的基部入土即可，约深16cm左右。栽植距离，行距40～45cm，株距24～30cm，大行为走道48～50cm，每亩栽4000穴。

四、田间管理

（一）水层管理

茭白在不同的生长期，对灌水的深度要求不同，在萌芽生长期宜浅，保持4.5～6cm水位，便于地温升高，促进分蘖和发根。分蘖后期，一般从7月下旬开始适当灌水，保持10～12cm，以控制无效分蘖的发生，孕茭期加深到18cm，以促茭白肥嫩。孕茭后期应逐渐落浅到4～7cm，以浅水或潮湿状态过冬。在田间追肥时，要把田间水位降低，待肥料吸入土中后再灌水。秋栽茭白，栽植前应保持较浅水位，以利成活，防止茭苗漂浮。雨季注意排水，最高水位不能超过茭白眼。

（二）分期追肥

茭白基肥和追肥约各占50%，新茭田一般在栽植后10天左右，每亩施人粪尿500kg，称为“提苗肥”，第二次在第一次追肥后10天，追人粪尿750～1000kg，以促进生长和分蘖，称为“分蘖肥”。孕茭期追肥更要及时，施肥过早，植株还未孕茭，引起徒长，推迟结茭。施肥过迟，赶不上孕茭需要，结茭小，产量降低。一般宜的追肥期为8月中旬前后，每亩施人粪尿2500～3000kg，称为“催茭肥”。秋栽的新茭，当年生长期短，故在栽植后10～15天只追肥一次，每亩施人粪尿1500～2000kg。

老茭田因夏茭生长期短，自萌芽到孕茭只有三个月时间，为争取夏茭在高温前孕茭，夏茭追肥应以速效肥为主，3月下旬至4月中旬，当苗高9～12cm时，开始追施第一次肥，每亩施人粪尿3000kg，待肥吸入土中后，接着追第二次，每亩施人粪尿3000kg。

（三）耘耥、剥黄叶、壅根及疏茭墩

茭白生长期中一般需中耕3～4次。从定植成活或次年萌芽开始，到5月下旬株丛生长茂密时为止，每隔10～15天耘耥一次，将土壤充分锄松耘细。第一次靠近根旁开始，以后逐次远离6～7cm，以免伤根。7月下旬至9月上旬，应摘除植株黄叶2～3次，使植株间通风透光，促进孕茭。剥下的黄叶，随剥随踏入田土中，作为肥料。秋茭采收以后，地上部经霜冻枯死，在12月份，放干田水，齐泥割去枯叶，这样第二年的分蘖可整齐、均匀。割去枯叶后田间应灌浅水，保持根株湿润过冬，使第二年提早萌芽。老茭墩根茎密集，分蘖拥挤，在4月份，当分蘖高33cm时，进行疏苗，将细小密集的分蘖除去，每9～12cm见方留一强壮分蘖，同时在茭墩根际压泥壅根，使分蘖散开，改善营养状况。

五、采收

茭白成熟时因心叶生长受到抑制，内外叶的长度几乎相等，心叶卷曲成针状，并变为黄色，同时叶鞘裂开，微露茭肉1~2分，状如露齿微笑，农民称“茭白对人笑”即是采收时期。秋茭在9月下旬到10月上旬采收。一熟茭较两熟茭采收早，两熟茭分墩苗数多比苗数少的采收早。春栽较秋栽采收早。秋茭亩产带壳茭1000~1500kg。早期采收，四天采一次；后期气温低，茭白老化较慢，6~7天采收一次。夏茭于5月上旬到6月下旬采收，采收期气温渐高，成熟快，容易发青变老，隔3~4天采收一次，亩产带壳茭2000~2500kg。肉茭为壳茭的六七成。

采收宜从茎的基部割取，除去叶片，仅留叶鞘，茭白因有叶鞘保护，较耐贮运，如浸入水中贮藏，能保持白色，不易变坏。

六、选留种

在正常的茭白田内年年都会出现灰茭、雄茭等，因此，种植茭白要年年选种，才能保护茭白的种性和纯度。留种时，在采收期中选产量高，品质好，在一株中全部分蘖均能被黑穗菌感染而成洁白的茭笋的作为母株，用束叶或插扦作标记，待收获后，另植一处作为留种区，冬季淹水越冬。

参考文献

［1］西南农学院园艺系蔬菜教研组．蔬菜栽培学（试用教材）（内部出版物）．1976.

［2］浙江农业大学．蔬菜栽培学各论（南方本）．北京：农业出版社，1979.

［3］四川省农牧厅．四川蔬菜品种志．成都：四川科学技术出版社，1987.

［4］中国农业科学院蔬菜研究所．中国蔬菜栽培学．北京：农业出版社，1987.

［5］成都市金牛区科学技术委员会．成都市金牛区副食品生产管理局．成都蔬菜栽培（内部出版物），1980.

［6］徐宝成，屈小江．蔬菜栽培（修定本），四川省绿色证书统编教材，中共四川省委组织部，四川省农业厅，1997.

［7］郑仲君，屈小江．常规蔬菜栽培实用新技术，农村党员基层干部实用技术培训丛书．中共四川省委组织部，四川省科学技术协会，1995.

［8］屈小江。蔬菜大棚栽培新技术．四川星火培训教材，四川省科学技术委员会，1997.